Wenli Sun
Mohamad Hesam Shahrajabian
Mehdi Khoshkharam

Bioestimulantes microbianos e biopolímeros na agricultura moderna

Wenli Sun
Mohamad Hesam Shahrajabian
Mehdi Khoshkharam

Bioestimulantes microbianos e biopolímeros na agricultura moderna

ScienciaScripts

Imprint

Cover image: www.ingimage.com

This book is a translation from the original published under ISBN 978-620-8-22347-2.

Publisher:
Sciencia Scripts
is a trademark of
Dodo Books Indian Ocean Ltd. and OmniScriptum S.R.L publishing group

120 High Road, East Finchley, London, N2 9ED, United Kingdom
Str. Armeneasca 28/1, office 1, Chisinau MD-2012, Republic of Moldova, Europe
Printed at: see last page
ISBN: 978-620-8-35784-9

SOBRE OS AUTORES

Wenli Sun

Laboratório Nacional de Microbiologia Agrícola, Instituto de Investigação em Biotecnologia, Academia Chinesa de Ciências Agrícolas, Pequim 100086, China

É professora associada e chefe de equipa e trabalha em temas relacionados com a medicina tradicional chinesa, a influência alelopática e a agricultura sustentável. Trabalha também em temas relacionados com a biotecnologia e a ciência molecular. A sua investigação atual incide sobre a história do coronavírus humano e a influência da medicina tradicional chinesa na prevenção e no tratamento do coronavírus humano. O seu perfil completo está disponível em http://orcide.org/0000-0002-1705-2996.

Correio eletrónico correspondente: sunwenli@caas.cn

Mohamad Hesam Shahrajabian
Laboratório Nacional de Microbiologia Agrícola, Instituto de Investigação em Biotecnologia, Academia Chinesa de Ciências Agrícolas, Pequim 100086, China

É investigador sénior de Agronomia e Biotecnologia. Interessa-se por culturas e ervas relacionadas com a medicina tradicional, especialmente as culturas da medicina tradicional chinesa e iraniana relacionadas com a agricultura biológica e a agricultura sustentável. A sua investigação atual é a influência das ervas medicinais e dos frutos nos coronavírus humanos. O seu perfil completo está disponível em http://orcide.org/0000-0002-8638-1312. **Correio eletrónico correspondente:** hesamshahrajabian@gmail.com

Mehdi Khoshkharam

Instituto de Investigação em Ciências Ambientais, Universidade Shahid Beheshti, Teerão, Irão

É investigador sénior de Agronomia e Biotecnologia e estudante de doutoramento na Universidade Shahid Beheshti, Teerão, Irão. Interessa-se pela modelação de culturas e pelo estudo da nutrição vegetal e do stress ambiental nas culturas, plantas hortícolas e ciências medicinais tradicionais.

Correio eletrónico correspondente: mehdi.khoshkharam@gmail.com

Bioestimulantes microbianos e biopolímeros na agricultura moderna

WENLI SUN
MOHAMAD HESAM SHAHRAJABIAN
E
MEHDI KHOSHKHARAM

Bioestimulantes microbianos e biopolímeros na agricultura moderna

Wenli Sun[1#*], Mohamad Hesam Shahrajabian[1#], e Mehdi Khoshkharam[2]

[1]Laboratório Nacional de Microbiologia Agrícola, Instituto de Investigação em Biotecnologia, Academia Chinesa de Ciências Agrícolas, Pequim 100086, China

[2]Instituto de Investigação em Ciências Ambientais, Universidade Shahid Beheshti, Teerão, Irão

*Correspondência: sunwenli@caas.cn

#Os autores contribuíram igualmente para esta investigação

Introdução
Bioestimulantes

A atividade dos bioestimulantes em relação à indução do crescimento radicular, melhora o aporte de nutrientes e a produção de fitohormônios, bem como o ajuste osmótico via síntese de compostos orgânicos na indução de sistemas de resposta antioxidante foram comprovados (Guiry, 2012; Ngumbi e Kloepper, 2016; Tiwari et al., 2016; Vuurukonda et al., 2016; Kumar e Verma, 2018; Galvão et al., 2019; Petropoulos et al., 2020). Os bioestimulantes também podem ser utilizados para reduzir a aplicação de fertilizantes minerais e ser considerados como uma ferramenta amiga do ambiente, sem quaisquer impactos adversos significativos tanto na qualidade dos frutos como no rendimento final (Battacharyya et al., 2015; Pereira et al., 2019; Koleska et al., 2017; Petropoulos, 2020). Ácidos húmicos, ácido fúlvico, hidrolases proteicas, extractos de algas marinhas, compostos *contendo N*, botânicos, extractos de algas marinhas, quitosano e outros biopolímeros relacionados, bactérias e fungos benéficos e compostos inorgânicos são as principais categorias de bioestimulantes vegetais (Canellas et al., 2015; Du Jardin, 2015; Rouphael et al., 2015). Os factores bióticos e abióticos que afectam as interações planta-planta que promovem o crescimento das rizobactérias (PGPR) na rizosfera incluem o genótipo da planta, a fase de desenvolvimento, os agentes patogénicos e as pragas como factores bióticos, os mecanismos de defesa; e a composição do solo, os factores climáticos, a disponibilidade de água e a exposição a elementos tóxicos como parâmetros abióticos (Swarnalakshmi et al., 2020). A aplicação foliar de extractos de algas pode aumentar significativamente a clorofila, os parâmetros de crescimento vegetativo das plantas, os teores de N, P e K nas folhas, a qualidade e a quantidade de sementes de feijão (Abu Seif et al., 2016) e as cultivares de feijão (Kocira et al., 2017). O extrato de folhas de moringa pode ser considerado como uma boa fonte de fitohormonas que tiveram uma função significativa para promover o crescimento e a produtividade das plantas de feijão (Elzaawely et al., 2017). O tratamento de estacas de hipocótilos de feijão mungo com extractos enriquecidos com polissacarídeos de *Ulva lactuca* e *Padina gymnospora*, promoveu o enraizamento mais rapidamente e em maior número em comparação com os controlos (Hernandez-Herrera et al., 2016). Bioestimulantes como Enduro e Aviron indicaram a germinação máxima e os maiores impactos de desenvolvimento radicular na ervilha de inverno (Klimek-Kopyra et al., 2019). Os bioestimulantes estimularam a vitamina C, a atividade antioxidante e os teores de fenólicos nos frutos, bem como o teor de pigmentos nas folhas de pimenta (Paradikovic et al., 2011). O ácido húmico com grãos de milho triturados como bioestimulante vegetal, rico em minerais, hormonas e metabolitos secundários, teve impactos positivos nos transplantes de tomate (Rady e Rehman, 2016). Os extractos de algas marinhas podem ser recomendados como biofertilizantes para serem utilizados isoladamente ou em combinação com outros biofertilizantes em sistemas de agricultura biológica

(Kumari et al., 2011; Mzibra et al., 2018). Rouphael et al. (2017) sugeriram que a aplicação de hidrolisado derivado de leguminosas induziu uma melhoria significativa nas actividades antioxidantes, na composição mineral como K e Mg, nos sólidos solúveis totais (K e Mg), bem como nas moléculas bioactivas como o ácido ascórbico e o licopeno, aumentando assim a qualidade funcional e nutricional dos frutos. A aplicação foliar de extractos de algas marinhas Bio-algeen S90 (*Ascophyllum nodosum*) e Kelpak SL (*Ecklonia maxima*), juntamente com ácidos húmicos e fúlvicos no HumiPlant (extrato de leonardite), estimulou o teor de K em tubérculos de batata (Dziugiel e Wadas, 2020). A produção agrícola sustentável ganhou atenção notável na última década (Soleymani et al., 2016; Sun et al., 2021a,b), pois o uso eficiente dos recursos naturais e a segurança alimentar são parâmetros importantes com o aumento da demanda por alimentos (Ogbaji et al., 2013; Shahrajabian e Soleymani, 2017; Yong et al., 2018; Khoshkharam et al., 2021). Os bioestimulantes contêm substâncias ou produtos que contêm uma formulação especial, microrganismos ou compostos naturais que podem promover o crescimento das plantas naturalmente. Os impactos mais importantes dos bioestimulantes nas culturas consistem em estimular o sistema imunitário das plantas, melhorar a qualidade visual dos produtos finais, induzir a biossíntese de biomoléculas defensivas das plantas, melhorar o desempenho das culturas, remover metais pesados de solos contaminados, melhorar o desenvolvimento das raízes, reduzir a lixiviação, aumentar a vida útil dos produtos perecíveis, melhorar a germinação das sementes, induzir a tolerância a factores de stress biótico e abiótico, acelerar o estabelecimento das culturas e melhorar a absorção de nutrientes e a eficiência da utilização dos nutrientes (Shahrajabian et al., 2021a,b). As categorias mais importantes de bioestimulantes são os ácidos fúlvicos e húmicos, as bactérias, os fungos, os produtos que contêm hormonas, os produtos que contêm aminoácidos, etc. A inoculação de *Glomus intraradices* com alfafa pode levar à eficácia dos inóculos no crescimento da alfafa e evitar a toxicidade por excesso de Cu nos tecidos das plantas de alfafa (Daniela Novoa et al., 2010). *O Glomus intraradices* pode levar à obtenção de material de manjericão fresco de boa qualidade em condições de seca (Mota et al., 2020). *Glomus intraradices* aumentou o peso da planta, o peso fresco e seco da raiz, e suprimiu a podridão de Pythium (*Pythium deliense*) (Kucukyumuk et al., 2014). *O Glomus intraradices* aumentou o desenvolvimento das raízes num solo pobre em fósforo de oliveiras e melhorou o número e a qualidade das flores (Jimenez-Moreno et al., 2018). *O Glomus intraradices* melhorou a biomassa do tomateiro e diminuiu o número de galhas e o fator de reprodução nas plantas inoculadas com o nemátodo no transplante (Marro et al., 2014). O controlo da podridão branca da raiz do abacate pode ser alcançado por *Trichoderma* (Ruano-Rosa et al., 2018). A co-cultura de *Trichoderma atroviride* e *B. amyloliquefaciens* diminuiu a doença da podridão do trigo causada por *Fusarium graminearum* (Karuppiah et al., 2020). *Pseudomonas aeruginosa* KR270346 e KR270347 tinham o potencial de promover o crescimento das plantas de malagueta (Linu et al., 2019). A estirpe *de Pseudomonas* sp. MP12 estimulou a atividade antifúngica *in vivo* contra *Botrytis cinerea* em folhas de videira (Andreolli et al., 2019). O tratamento com *Pseudomonas fluorescens* diminuiu os efeitos nativos do nemátodo no feijão mungo, e *Pseudomonas* spp. sinergizou com *Bradyrhizobium* e melhorou a nodulação, os componentes Lb e as populações de rizóbios (Khan et al., 2016). O isolado *de Pseudomonas* Pf1 pode ser utilizado para o biocontrolo de *Meloidogyne incognita* da ervilha (Siddiqui et al., 2009). *Pseudomonas aeruginosa*, *Pseudomonas syringae* e *Pseudomonas fluorescens* modularam o crescimento de genótipos de tomate e podem ser recomendadas como agentes activos de biocontrolo da murchidão bacteriana do tomateiro (Mohammad et al., 2020). *Pseudomonas protegens* Sneb1997 estimulou o crescimento de plantas de tomate e actuou como potencial biocontrolo do nemátodo das galhas (Zhao et al., 2021).

Quitosano

O quitosano é um material promissor para a remoção de poluentes (Abhinaya et al., 2021; Saheed et al., 2021), um polímero ecológico, amigo do ambiente e polivalente, com uma vasta aplicação em vários domínios, como a agricultura, a cosmetologia, a alimentação, o papel, a farmácia e as indústrias têxteis (Hafsa et al, 2021; Irastorza et al., 2021; Pandit et al., 2021; Rajabi et al., 2021; Scalera et al., 2021; Shoueir et al., 2021; Yanat e Schroen, 2021), e pode ser composto com muitos outros polímeros e elementos e utilizado em sistemas de produção vegetal (Anusuya et al., 2021; Yu et al., 2021; Zhu et al., 2021). Sendo o polímero natural mais abundante, inclui duas subunidades, nomeadamente, D-glucosamina e N-acetil-D-glucosamina, associadas a ligações 1,4-glicosídicas entre si (Rinaudo, 2006; Chakraborty et al., 2020), derivando da quitina, é um polímero de baixo custo (Mujtaba et al., 2020; Bhardwaj et al., 2021; Tommalieh, 2021; Sharma et al., 2021). A administração de biomoléculas, nutrientes e pesticidas é possível através do quitosano (Salama et al., 2021; Yu et al., 2021), e este demonstrou uma notável propriedade antibacteriana (Etemadi et al., 2021). O impacto mais notável do quitosano em várias plantas é apresentado no Quadro 1.

Quadro 1- Efeitos do quitosano nas culturas experimentais.

Planta	**Nome científico**	**Família de plantas**	**Ponto-chave**	**Referência**
Alcachofra	*Cynara scolymus* L.	Asteraceae	A aplicação de quitosano promoveu o crescimento das plantas de sementes de alcachofra e induziu uma diminuição significativa da contaminação por fungos.	Ziani et al. (2010)
Cevada	*Hordeum vulgare* L.	Poaceae	A utilização de nanopartículas de quitosano (NPs) pode estimular a biomassa, o peso de 1000 grãos, bem como o rendimento dos grãos.	Behboudi et al. (2018)
			A aplicação foliar de quitosano pode melhorar o rendimento do grão, as caraterísticas fonológicas e os componentes do rendimento	Al-Tawaha et al. (2020)
Manjericão	*Ocimum basilicum* L.	Lamiaceae	O quitosano pode melhorar os impactos nocivos da seca no	Pirbalouti et al. (2017)

			crescimento do manjericão, bem como melhorar o fenol total e a atividade antioxidante.	
			A aplicação foliar de lactato de quitosano pode promover a acumulação de substâncias bioactivas.	Hawrylak-Nowak et al. (2021)
			O lactato de quitosano aumentou a atividade das enzimas antioxidantes e aumentou a fotossíntese e o crescimento das plantas.	Hawrylak-Nowak et al. (2021)
Feijão	*Phaseolus vulgaris* L.	Fabáceas	A quitosana aumentou o rendimento em sementeiras normais ou atrasadas.	Ibrahim e Ramadan (2015)
			Verificou-se a influência efectiva dos nanocarreadores compostos por alginato/quitosano (ALG/CS) na promoção da área foliar e dos níveis de clorofilas e carotenóides.	Pereira et al. (2017)
Pimentão	*Capsicum annuum* L. var. *grossum* (L.) Sendt	Solanáceas	As nanopartículas de quitosano (CsNPs) indicaram o papel significativo na atividade anti-biofilme contra agentes patogénicos de origem alimentar.	Hu et al. (2020)
			O nano-revestimento de quitosano (CsNC) aumentou o prazo de validade do pimento fresco cortado.	Hu et al. (2020)
			Os tratamentos com quitosana aumentaram a velocidade de germinação, melhoraram o crescimento das plântulas e a emergência no teste de frio.	Samarah et al. (2020)
			$CaCl_2$ - óleo de árvore de chá (TTO)/quitosano de baixo peso molecular (LMWCS) mostrou o	Sathiyaseelan et al. (2021)

			crescimento microbiano em pimentos frescos cortados.	
Cananga	*Cananga odorata* (Lam.) Hook. f. & Thomson	Anonáceas	A formulação nanoencapsulada em nanoemulsão de quitosano do OE *de Cananga odorata* (CoEO-CsNe) pode ser sugerida como conservante verde para aplicação alimentar.	Upadhyay et al. (2021)
Grão-de-bico	*Cicer arietinum* L.	Fabáceas	A aplicação de nanopartículas de quitosano carregadas com tiamina aumentou a percentagem de germinação e o crescimento do grão-de-bico.	Kaur et al. (2018) Sathiyabama et al. (2019)
			O tratamento foliar estimulou a proteção das plântulas de grão-de-bico contra a doença da murchidão e aumentou a produção de ácido indol acético (IAA) nas plântulas.	Sathiyabama et al. (2019)
Malagueta	*Capsicum frutescence* L.	Solanáceas	A aplicação combinada de quitosano como tratamento de sementes (1%) e pulverização foliar (0,5%) foi a mais eficaz no controlo da antracnose da malagueta e estimulou a produção e os caracteres que contribuem para a produção.	Akter et al. (2018)
Erva-cidreira	*Cymbopogon winterianus* Jowitt	Poaceae	O quitosano irradiado (ICH) melhorou o geraniol e o citronelal do óleo essencial.	Ahmed et al. (2020)
Planta-da-manhã	*Ipomoea purpurea* (L.) Roth	Convolvuláceas	O polímero de quitosano melhorou o teor proteico das membranas e a estrutura lipídica.	Acemi (2020)
Pepino	*Cucumis sativus* L.	Cucurbitáceas	O tratamento de sementes com quitosano indicou 100% de resistência à doença contra o míldio causado por *Phytophthora capsici*.	Zohara et al. (2019)

			O quitosano pode sintetizar enzimas responsivas à defesa e estimular as fitohormonas das plantas de pepino.	Jogaiah et al. (2020)
Frutos do dragão	*Hyalocereus undatus* (Haw.) Britton & Rose.	Cactáceas	As dispersões submicrónicas de quitosano (SCD) de 600 nm de tamanho de gotícula de 1,0% de quitosano provocaram um maior crescimento vegetativo e um melhor teor de clorofila.	Zahid et al. (2014)
			As dispersões submicrónicas de quitosano (SCD) conduzem a uma menor incidência de doenças nas plantas de dragoeiro e a uma resistência eficaz contra a doença irresistível da antracnose.	Zahid et al. (2019)
			O papel do revestimento compósito à base de quitosano e κ-carragenina foi importante para manter a frescura e a cor do bráctea, o teor de clorofila e a qualidade de consumo da pitaia.	Nguyen et al. (2021)
Beringela	*Solanum melongena* L.	Solanáceas	Os nanocompósitos sintetizados melhoraram tanto a atividade nematocida como a resposta imunitária sistemática das plantas.	Attia et al. (2021)
Fava	*Vicia faba* L.	Fabáceas	Os novos nanobiocompósitos de carboximetilquitosana-titânia podem diminuir os efeitos negativos do *vírus do mosaico amarelo do feijão* (BYMV).	Sofy et al. (2020)
Milho painço	*Eleusine coracana* (L.) Gaertn.	Poaceae	As nanopartículas de quitosano controlam o crescimento de *Pyricularia grisea* em condições *in vitro*.	Sathiyabama e Manikandan (2016)
			A aplicação foliar de	Sathiyabama

			nanopartículas de quitosano aumentou o crescimento do milho painço.	e Manikandan (2021)
			Melhoria significativa no rendimento, conteúdo mineral reproduzido nas plantas tratadas.	Sathiyabama e Manikandan (2021)
			A nanopartícula de quitosano activou as enzimas de defesa nas folhas de milho painço.	Sathiyabama e Manikandan (2021)
Freesia	*Freesia* Eckl. Ex Klatt	Iridáceas	As plantas tratadas com quitosana tinham folhas e rebentos mais altos, floresceram mais cedo, formaram mais flores e rebentos.	Salachna e Zawadzinska (2014)
			O aumento significativo do peso do cormo foi conseguido após a aplicação de quitosana.	Salachna e Zawadzinska (2014)
Camomila alemã	*Matricaria recutita* L.	Asteraceae	A aplicação foliar de quitosano na fase de floração melhorou o número de flores de camomila, o peso por planta e o rendimento por unidade de alimentação.	Abdul-Hafeez e Ibrahim (2021)
Gengibre	*Zingiber officinale* Roscoe	Zingiberaceae	O quitosano e o oligocitosano suprimiram a podridão do rizoma do gengibre durante o armazenamento.	Liu et al. (2016)
			O quitosano e o oligocitosano melhoraram a atividade das enzimas de defesa do gengibre.	Liu et al. (2016)
Uva	*Vitis vinifera* L.	Vitaceae	O quitosano regulou a transdução de sinal e a síntese de metabolitos do fruto da uva.	Zhang et al. (2020)
			O quitosano e o ácido jasmónico promoveram a resistência à patogénese em frutos de uva amadurecidos através da regulação negativa de TPR3 e HDAC19.	Peian et al. (2021)
			O quitosano inibiu o	Peian et al.

			crescimento dos micélios de *Botrytis cinerea* e melhorou a qualidade dos frutos.	(2021)
			Os nanocompósitos de quitosano/sílica (CSNs) aumentaram o teor total de fenóis e flavonóides.	Youssef e Roberto (2021)
Goiaba	*Psidium guajava* L.	Myrtaceae	O revestimento de quitosana-ácido cítrico aumentou a qualidade da goiaba fresca cortada ao longo do armazenamento.	Nascimento et al. (2020)
			Os revestimentos activos têm potencial para aumentar o prazo de validade das goiabas.	Silva et al. (2021)
			O quitosano como solvente facilita o processo de encapsulamento subsequente.	Silva et al. (2021)
Kenaf	*Hibiscus cannabinus* L.	Malvaceae	A adição de quitosana aumentou as propriedades mecânicas das folhas.	Ashori et al. (2006)
Bálsamo de limão	*Melissa officinalis* L.	Lamiaceae	O lactato de quitosana aplicado foliarmente aumentou a acumulação de ácido rosmarínico.	Hawrylak-Nowak et al. (2021)
			O lactato de quitosano aumentou a atividade das enzimas antioxidantes e pode aumentar a fotossíntese e o crescimento das plantas.	Hawrylak-Nowak et al. (2021)
Alface	*Lactuca sativa* L.	Asteraceae	A utilização de quitosano a 2% num solo contaminado com Ni pode regular significativamente a biodisponibilidade do Ni.	Turan (2019)
			As nanopartículas de quitosano (CNPs) carregadas com ácido indol-3-acético (IAA) indicaram um impacto benéfico no crescimento da alface hidropónica.	Valderrama et al. (2020)
Pervinca de Madagáscar	*Catharanthus roseus* L. G. Don	Apocináceas	As nanopartículas de quitosano (CSNPs) proporcionaram uma	Hassan et al. (2021)

			proteção notável contra os danos oxidativos induzidos pelo sal.	
			As expressões dos alcalóides totais, das proteínas quinases activadas por mitogénio (MAPK3), da geissoschizina sintase (GS) e do domínio AP2 responsivo ao derivado do octadecanóide (ORCA3) foram aumentadas pelos CSNPs sob salinidade.	Hassan et al. (2021)
			A aplicação de nanopartículas de quitosano proporcionou uma proteção significativa contra os danos oxidativos induzidos pela água.	Ali et al. (2021)
Milho	*Zea mays* L.	Poaceae	O quitosano aumentou os parâmetros germinativos e de crescimento do milho.	Agbodjato et al. (2016)
			As nanopartículas de zn-quitosano (NPs) podem ser aplicadas para aumentar a promoção do crescimento, o controlo de doenças e o material fortificante de micronutrientes.	Choudhary et al. (2019)
			A utilização de quitosana aumentou a tolerância ao sal em plântulas de milho, o que se deve à elevada ativação da atividade antioxidante e à respiração alternativa.	Kewsuwan e Chukaew (2016) Turk (2019)
			A melhoria da capacidade de respiração alternativa induzida pela quitosana diminuiu o teor de ROS em condições normais e de salinidade.	Turk (2019)
			Foram descobertos os impactos positivos da moringa e da quitosana na germinação de sementes-índice e nos	Tovar et al. (2020)

			parâmetros de crescimento das plantas de milho.	
			O nanofertilizante de quitosano estimulou a remobilização do alimento armazenado e a atividade da fonte.	Sharma et al. (2020)
			O nanofertilizante de quitosana-silício (CS-Si NF) divulga melhor índice de vigor das mudas.	Kumaraswamy et al. (2021)
			O CS-Si NF promoveu uma maior defesa antioxidante e fotossíntese das plantas, e aumentou o rendimento das culturas após a aplicação de sementes e foliar.	Kumaraswamy et al. (2021)
Espinafres do Malabar	*Basella alba* L.	Basellaceae	A aplicação de quitosano pode melhorar a altura das plantas, o número de folhas, as áreas foliares, o peso seco e húmido das plantas e das raízes.	Rahman et al. (2013)
Manga	*Mangifera indica* L.	Anacardiaceae	Atraso no amadurecimento e amolecimento dos frutos e supressão do crescimento de *Colletotrichum gloeosporioides*.	Jongsri et al. (2016) Jongsri et al. (2017) De Oliveira et al. (2017)
Cardo mariano	*Silybum marianum* (L.) Gaertn.	Asteraceae	A aplicação de quitosano alterou os danos causados pelo stress salino.	Safikhan et al. (2018)
			A aplicação de quitosano aumentou as actividades antioxidantes e enzimáticas e melhorou o crescimento e o desenvolvimento em condições de salinidade.	Safikhan et al. (2018)
Moringa	*Moringa oleifera* L.	Moringaceae	A quitosana aliviou o Cd em rebentos e raízes de moringa, alterando as fracções de Cd.	Zubair et al. (2021)
			A aplicação de quitosana aumentou significativamente o crescimento, a	Zubair et al. (2021)

			bioquímica e o prestígio nutricional.	
Cebola	*Allium cepa* L.	Amaryllidaceae	O nanoquitosano pode melhorar a eficiência dos fertilizantes tradicionais e promover o rendimento líquido por alimentação.	Geries et al. (2020)
			As nanopartículas de hidrogel de quitosano/ácido poliacrílico (CS/PAA-HNPs) estimularam o rendimento, o crescimento das plantas e o teor de nutrientes dos bolbos de cebola.	El-Aziz et al. (2019)
Quiabo	*Hibiscus esculentus* L.	Malvaceae	A aplicação foliar de quitosano a 100 ou 125 ppm pode ser efectuada na fase inicial de crescimento para obter um rendimento mais elevado.	Mondal et al. (2012)
Papaia	*Carica papaya* L.	Caricáceas	A quitosana a 2,0% e 3,0% teve um impacto fungicida sobre *Colletotrichum gloeosporioides*.	Bautista-Banos et al. (2003)
Ervilha	*Pisum sativum* L.	Fabáceas	O extrato de Ascophyllum nodosum (ANE) e o quitosano suprimiram o oídio da ervilha em grande parte através da modulação das vias de sinalização reguladas pelo ácido jasmónico e pelo ácido salicílico.	Patel et al. (2020)
Pera	*Pyrus communis* L.	Rosáceas	Inibição do crescimento de *Botryosphaeria* spp.	Wang et al. (2017)
Pimenta	*Capsicum annuum* L.	Solanáceas	O nano-quitosano afectou positivamente a morfogénese, o crescimento e a fisiologia das plantas.	Asgari-Tarhi et al. (2018)
Hortelã-pimenta	*Mentha piperita* L.	Lamiaceae	Chitosan e GA_3 aumentaram o crescimento, a fisiologia, o óleo essencial e o rendimento da planta.	Ahmad et al. (2019)
Romã	*Punica granatum*	Punicáceas	O quitosano de casca de caranguejo foi o melhor	Munhuweyi et al. (2017)

	L.		canadidato como fungicida verde para a gestão de doenças pós-colheita da romã.	
Batata	*Solanum tuberosum* L.	Solanáceas	A aplicação de quitosano pode aumentar significativamente o peso fresco e seco da raiz.	Asghari-Zakaria et al. (2009)
			A pulverização foliar de quitosano com ácido húmico pode conduzir aos valores mais elevados de rendimento de tubérculos e de componentes do rendimento.	Harfoush et al. (2017)
			O quitosano (75 mg/L) e o oligoquitosano (50 mg/L) podem aumentar o crescimento das plantas e induzir mecanismos de defesa para tolerância ao stress da seca.	Muley et al. (2019)
			A complexação do polímero estrela (SPc) com quitosano pode ser utilizada como um importante adjuvante para aumentar a eficácia do controlo no campo.	Wang et al. (2021)
			O quitosano pode inibir o crescimento e a germinação de esporos de *Fusarium oxysporum*.	Ren et al. (2021)
			O quitosano estimulou a resistência da batata contra o *Fusarium oxysporum*.	Ren et al. (2021)
			O crescimento e a germinação de esporos de *phytophthora infestans* foram inibidos pelo quitosano, o que indicou a sua importância como preparação ecológica para o controlo do míldio da batata.	Huang et al. (2021)
Pummelo	*Citrus grandis* L. Osbeck	Rutáceas	O quitosano melhorou as actividades e aumentou os níveis de	Nie et al. (2020)

			expressão das enzimas que eliminam as ROS.	
			O revestimento de quitosana atenuou o índice de granulação, a perda de peso, a firmeza e a permeabilidade da membrana em frutos de pummel.	Chen et al. (2021a)
			O tratamento com quitosano manteve um teor mais elevado de ATP e actividades das enzimas relacionadas com o metabolismo energético.	Chen et al. (2021a)
			O quitosano atenuou a deposição de lenhina e celulose e melhorou as actividades de expressão dos níveis de enzimas de degradação da parede celular.	Chen et al. (2021b)
Arroz	*Oryza sativa* L.	Poaceae	As nanopartículas de quitosana-La aumentaram o crescimento do arroz e conduziram à resistência à explosão do arroz.	Liang et al. (2018)
			Os oligossacáridos de quitosano (COS) regulam positivamente numerosas proteínas relacionadas com o crescimento das plantas durante a fase de plântula do arroz.	Xie et al. (2020)
			O quitosano pode melhorar a biossíntese, os processos metabólicos (catabólicos) e a via da fotossíntese durante a fase de plântula do arroz.	Xie et al. (2020)
			A nanopartícula de quitosano guar (CGNP) pode ser utilizada como agente antimicrobiano para controlar o míldio e o míldio.	Sathiyabama e Muthukumar (2020)
			Os nanocompósitos de quitosano-magnésio (CS-Mg) podem ser	Ahmed et al. (2021)

			considerados como nanopesticidas notáveis contra fitopatógenos na gestão de doenças das plantas.	
Ringelblume	*Calendula officinalis* L.	Asteraceae	A quitosana aumentou as raízes peludas.	Alsoufi et al. (2019)
Cártamo	*Carthamus tinctorius* L.	Asteraceae	Pode melhorar o crescimento das plântulas e a tolerância das plantas a condições de stress oxidativo, particularmente em condições de stress de seca.	Mahdavi et al. (2011)
Salgados	*Satureja hortensis* L.	Lamiaceae	O rendimento máximo de óleo essencial e a percentagem de carvacrol foram atingidos nos tratamentos com aminoácidos em ácido salicílico 0,5 mM e quitosano.	Poorghadir et al. (2020)
			O quitosano reduziu os impactos negativos do stress hídrico através do ajustamento osmótico.	Alizadeh et al. (2020)
			O quitosano pode promover a biomassa e a matéria seca sob forte stress hídrico.	Alizadeh et al. (2020)
Serapias	*Serapias vomeraceae* (Burm.f.) Briqq.	Orquidáceas	O quitosano pode ser aplicado como um bom substituto do ácido jasmónico e das citocininas [6-benzilaminopurina (BAP) e cinetina (KIN)] em culturas de orquídeas, e aumenta o comprimento médio dos rebentos e o alongamento das raízes.	Acemi (2020)
Soja	*Glycine max* L.	Fabáceas	O hidrogel sintetizado por quitosano e ácido etilenodiaminotetracético (EDTA) pode ser considerado como um condicionador do solo.	Ritonga et al. (2019)
Morango	*Fragaria × annanasa*	Rosáceas	O quitosano e as bactérias probióticas vegetais podem ser aplicados como	Mukta et al. (2017)

			bioreguladores naturais para a produção sustentável de morangos	
			A aplicação de quitosano melhorou os teores de carotenóides, antocianinas, flavonóides e fenólicos.	Rahman et al. (2018)
Cana-de-açúcar	*Saccharum officinarum* L.	Poaceae	A aplicação de quitosana estimulou a fotossíntese, o WUE, os osmo-protectores, as actividades antioxidantes, a adenina energética e a estabilidade da clorofila.	Mirajkar et al. (2019) Silveira et al. (2019)
Salgados de verão	*Satureja hortensis* L.	Lamiaceae	O quitosano atenua os efeitos adversos do stress hídrico através do ajustamento osmótico.	Alizadeh et al. (2020)
			O quitosano pode aumentar a biomassa e a matéria seca sob forte stress hídrico.	Alizadeh et al. (2020)
			A aplicação de quitosano altera o teor e a composição do óleo essencial da segurelha de verão.	Alizadeh et al. (2020)
Batata-doce	*Ipomoea batatas* L.	Convolvuláceas	O quitosano mostrou o crescimento celular e induziu a necrose celular de *Ceratocystis fimbriata.*	Xing et al. (2018)
			O quitosano afectou significativamente as composições de ácidos gordos de *Ceratocystis fimbriata.*	Xing et al. (2018)
Timo	*Thymus daenensis* L. Celak	Lamiaceae	O rendimento máximo de óleo essencial (1,52 g planta^{-1}) foi relacionado com a aplicação de 400 μL L^{-1} quitosano sob condições de stress moderado.	Bistgani et al. (2017)
Tomate	*Solanum lycopersicum* L.	Solanáceas	O quitosano indicou efeitos positivos na promoção do crescimento das plantas e no controlo de *Ralstonia solanacearum.*	Algam et al. (2010)

			A aplicação foliar de ácido salicílico e quitosano a 75 mg L^{-1} pode ser utilizada na fase inicial de crescimento para obter o máximo rendimento de frutos no tomate de verão.	Mondal et al. (2016)
			O quitosano e as nanopartículas de quitosano revelaram actividades antifúngicas contra fungos fitopatogénicos, *Fusarium andiyazi*.	Chuh e Chandrasekaran (2019)
			A quitosana melhorou a carga viral, estimulou as trocas gasosas e geriu a expressão *de PAL5*, podendo diminuir os impactos adversos do *vírus do mosaico do pepino* (CMV).	Rendina et al. (2019)
			A quitosana indicou os resultados adequados para inibir a infeção causada por *Rhizopus stolonifer* nos frutos de tomate.	Hernandez-Lauzardo et al. (2012)
			O quitosano associado ao cobre quelatado teve uma maior eficiência na ativação de enzimas associadas à patogenicidade do que o quitosano ou o cobre actuando isoladamente na cultura do tomate.	Adamuchio-Oliveira et al. (2020)
			A aplicação de quitosano + composto + fungos micorrízicos arbusculares melhorou o crescimento do tomate.	El-Amerany et al. (2020)
Açafrão-da-terra	*Curcuma longa* L.	Zingiberaceae	O quitosano pode ser aplicado como um composto amigo do ambiente para aumentar as respostas de defesa e melhorar o crescimento e o teor de curcumina das plantas de curcuma.	Anusuya e Sathiyabama (2016)
Água	*Hydrilla verticillata*	Hydrocharitaceae	O quitosano pode atenuar a peroxidação	Xu et al. (2007)

	(L.f.) Royle		dos lípidos da membrana e as fitotoxicidades da ultra-estrutura, e melhorar a proteção das células vegetais contra o stress da água poluída por uma elevada concentração de carência química de oxigénio (COD).	
Trigo	*Triticum aestivum* L.	Poaceae	O quitosano atenuou significativamente a bioacumulação de Cu^{2+} no trigo a partir do solo.	Zhao et al. (2019)
			A utilização da quitosana pode estimular os impactos negativos da seca.	Behboudi et al. (2019) Li et al. (2019)
			A aplicação de silício e quitosana regulou a produtividade da água e induziu a tolerância à seca.	Farouk e El-Metwally (2019)
			A aplicação de quitosana indicou impactos supressores na doença da mancha foliar da septoriose do trigo.	El-Gamal et al. (2020)

O nano-complexo de quitosano-proteína de ervilha carregado com óleo essencial de hissopo indicou uma forte atividade antifúngica (Hadidi et al., 2021). Os resultados adequados para aumentar a conservação do ananás foram alcançados com a aplicação de 2% de quitosano e 0,5% de óleo essencial de canela (Basaglia et al., 2021). As películas bioactivas à base de extractos de folhas de cardo (*Cynara cardunculus*) e quitosano podem ser úteis em pensos para feridas (Bras et al., 2020). Complexos de curcumina-proteína-quitosana aumentaram a bioacessibilidade da curcumina *in vitro* (Okagu et al., 2021). O óleo essencial de quitosana-cravo (CH-CEO) tem um potencial surpreendente para ser considerado um agente antioxidante e antimicrobiano, principalmente como um revestimento ativo para alimentos frescos durante o armazenamento (Wang et al., 2021). O quitosano e os seus oligossacáridos contribuem para o estado nutricional e o crescimento das plantas, melhoram a fotoquímica, a fotossíntese líquida, bem como o teor de hidratos de carbono (Ahmed et al., 2020). O revestimento com quitosano a 3% e gel de *Aloé vera* a 33% aumentou o tempo de armazenamento das uvas de mesa até 15 dias, uma vez que podem manter o aspeto da pele através da prevenção da perda de água à superfície dos bagos (Ehtesham Nia et al., 2021). Os derivados de quitosano-gossipol indicaram uma atividade antioxidante adequada (Beyazit et al., 2020). Os nanomateriais biodegradáveis (NMs) à base de quitosano consistem em nanogéis, nanopartículas e nanocompósitos que têm sido aplicados no crescimento e proteção das plantas, especialmente contra vírus, fungos e bactérias (Kumaraswamy et al., 2018). As nanopartículas de cobre acopladas à quitosana (ch-CuNPs) têm várias vantagens como fungicida no promotor de crescimento e um canadiato apropriado para pesticidas, a fim de melhorar os impactos perigosos no meio ambiente (Vanti et al., 2020). O sumo de maçã de caju (CAJ) e o soro de queijo (CW) indicaram impactos antimicrobianos contra *Fusarium solani* e Scytalidium lignicola (Berger et al., 2020). A aplicação do biopolímero quitosana pode regular positivamente *Phytophtora infestans* e *Alternaria solani* no tomate (Kiprushkina et al., 2017), *Meloidogyne* spp. no tomate (Escudero et al., 2017), *Fusarium graminearum* no trigo (Kheiri et al, 2017), *Colletotrichum* spp em pepino (Dodgson e Dodgson, 2017), *Exobasidium vexans* em chá (Chandra et al., 2017), *Fusarium solani* e *Rhizoctonia solani* em feijão verde (El-Mohamedy et al., 2017), e *Heterodera glycines* em soja (Mwaheb et al., 2017). Melhorias no crescimento e desenvolvimento das plantas após a aplicação de quitosana foram relatadas para *Phyla dulcis* (Sauerwein et al., 1991), *Cymbidium insigne* (Nahar et al., 2012), Kemiri sunan (*Reutealis trisperma*) (Irawato et al., 2019) e pinheiro silvestre (*Pinus sylvestris* L.) (Trzcinska et al., 2015). O oligocitosano, que tem mais de 3 mas menos de 10 resíduos de sacarídeos (*N-acetilglucosamina* ou glucosamina), é obtido por hidrólise química ou enzimática do quitosano (Feng et al., 2004). A aplicação foliar de oligochitosan pode desencadear várias respostas de defesa contra a infeção patogénica no fruto da jujuba (Yan et al., 2021). A pulverização de oligocitosano pode ser considerada como um candidato especial para o controlo pós-colheita da antracnose (Deng et al., 2015). O quitosano e o oligocitosano indicaram impactos significativos no controlo da podridão castanha dos frutos através do aumento das actividades das enzimas antioxidantes e relacionadas com a defesa (Yang et al., 2012; Ma et al., 2013). Tanto o quitosano como o oligocitosano suprimiram grandemente a germinação de esporos e o crescimento de micélios de *Alternaria kikuchiana* Tanaka e *Physalospora piricola* Nose em frutos de pera (Meng et al., 2010). O oligochitosano teve uma eficácia elevada do que o quitosano na inibição do crescimento micelial de *Phytophthora capsici*, tendo sido registada a sua inibição em diferentes fases do ciclo de vida de *P. capsici* (Xu et al., 2007). O oligochitosano induz respostas de defesa contra micróbios patogénicos numa grande variedade de plantas, actuando como elicitor (Feng et al., 2006). O oligochitosano indicou uma elevada atividade antifúngica contra espécies de *Candida* (Kulikov et al., 2014). O oligochitosano pode regular o vírus do mosaico do tabaco (TMV) nas folhas de tabaco com a via do NO (Zhao et al., 2007). Também foi relatado que o oligocitosano induziu a resistência do tabaco ao TMV através da via de sinalização Ca^{2+} (Lu et al., 2010). O co-tratamento de células de tabaco com oligochitosan e catalase inibiu a acumulação de H O_{22} , mas não suprimiu a indução de morte celular (Wang et al., 2008). Yin et al. (2010) relataram a eficácia do oligocitosano no controlo de doenças das plantas e consideraram-no um candidato adequado como regulador da imunidade das plantas. O NO e o H O22 induzidos pelo oligocitosano participaram na redução da abertura estomática e da expressão do gene da proteína LEA nas folhas de *Brassica napus* L. (Li et al., 2009). A aplicação combinada de oligocitosano quitosano (COS) + 1mmol L^{-1} tratamento com ácido salicílico (SA) aumentou o metabolismo do fenol e diminuiu a lesão por arrefecimento durante o armazenamento em damascos (Cui et al., 2020). Tal como a quitina, os oligómeros de quitosano promoveram a proteção contra o stress e o crescimento das plantas (Moenne e Gonzalez, 2021). Os oligossacarídeos de quitosana mostraram um potencial significativo como promotor de crescimento na produção de trigo através do aumento do número de espigas e grãos por espiga (Wang et al., 2015), também resultou em menos picadas e decadência na pele do fruto do pepino, e sustentou um nível mais elevado de integridade da membrana, medido com o teor de malonaldeído (Ru et al., 2020).

Quitina

A quitina é um polímero versátil, obtido principalmente a partir de cascas de camarão/caranguejo, e o tratamento químico da quitina produz quitosano (Dutta et al., 2002; Mokhtari-Hosseini et al., 2018). A quitina, um polímero linear ligado a *β-1*,4 de *N-acetilglucosamina* (GlcNAc), é um dos principais componentes estruturais da parede celular fúngica e fornece sua força (Sharp, 2013; Sheng et al., 2013), e é relatado como o segundo polissacarídeo abundante no mundo após a celulose (Pusztahelyi, 2018). Uma via de sinalização da quitina está ativa nas células vegetais para mediar a perceção da quitina e a resistência a doenças das plantas (Wan et al., 2008; Malerba e Cerana, 2020). A mistura de *Trichoderma* e quitina foi eficaz na melhoria da ocorrência do nó da raiz da podridão da cabeça (*Meloidogyne incognita* Kofoid e White; Chitwood), para além de aumentar o rendimento da couve em condições de campo (Loganathan et al., 2010). A aplicação de nanofibra de quitina indicou uma diminuição no número de manchas causadas por *Alternaria brassicicola* e no tamanho da lesão por *Colletotrichum fructicola*, em repolho e morango, respetivamente (Parada et al., 2018). A ação promotora de crescimento do tratamento com quitina é causada por uma melhoria na eficiência de absorção de nitrogênio e que a nanofibra de quitina pode ser considerada um material apropriado para o manejo de nutrientes na produção de tomate (Egusa et al., 2020). O derivado de ditiociclobutano de oligossacarídeo de quitina mostrou atividade nematicida contra *Meloidogyne incognita*, e pode estar associado à atividade de ligação (Fan et al., 2019). Protein/$CaCO_3$ /chitin nanofiber (P/Ca/CNF) foi efetivamente capaz de inibir a doença da murcha *de Fusarium* no tomate e poderia ser um agente ecológico para regular doenças de plantas em sistemas agrícolas sustentáveis (Egusa et al., 2019). O tratamento com quitina aumentou a acumulação de ROS e a deposição de calose e inibiu significativamente a podridão cinzenta em frutos de tomate (Sun et al., 2018). A alteração da quitina de um substrato de turfa regulou o crescimento da alface e promoveu enzimas quitina-catabólicas, oxidantes de amónio bacteriano e genes sideróforos (De Tender et al., 2019). Os nano-whiskers de quitina (CNWs) inibiram a retrogradação a curto prazo do amido, e a adição de CNWs a 4% diminuiu a entalpia de gelatinização alterada do amido de batata (Ji et al., 2017). A aplicação de CNWs indicou uma forte atividade antimicrobiana contra *Listeria monocytogenes* Gram-positiva, mas não contra *Escherichia coli* Gram-negativa (Qin et al., 2016). O nemátodo de quisto do trevo branco, *Heterodera trifolii*, diminuiu significativamente no solo tratado com quitina, provavelmente devido ao aumento dos níveis de quitinase produzida pelos microrganismos da rizosfera; dois outros nemátodos parasitas de plantas, *Pratylenchus* spp. e *Tylenchus* spp., também diminuíram no azevém (Sarathchandra et al., 1996). A aplicação de betaína e quitina promoveu o desempenho das plantas contra as limitações do abastecimento de água e destaca o seu potencial para a produção de alface sustentável (Lin et al., 2020). A quitina em combinação com o ergosterol pode ser aplicada para uma estimativa fiável da biomassa fúngica total e viva (Ekblad et al., 1998). A eficiência de biocontrolo dos antagonistas *pseudomonads fluorescentes* SE21 e RD41 pode ser promovida pela quitina, resultando num crescimento significativo da sua densidade populacional e impactos antagónicos contra *Rhizoctonia solani* (Rajkumar et al., 2008). A quitina melhorou significativamente o número de galhas, massas de ovos, fêmeas e juvenis de segundo estádio na colza cvAD201 em condições de campo (Korayem et al., 2008). O rendimento dos grãos aumentou após a aplicação de 0,5 ou 1,0% de resíduos de quitina fermentada, em comparação com a aplicação de fertilizantes químicos, além de melhorar o pH do solo e os teores de matéria orgânica, azoto, potássio e fósforo (Kananont et al., 2016). Foi relatada uma resistência significativa contra *Candidatus Liberibacter* asiaticus em *Citrus reticulata* Blanco após a aplicação de oligossacarídeo de quitina (Shi et al., 2019). A Figura 1 mostra as vantagens mais notáveis da aplicação de quitina e derivados de quitina. As estruturas químicas da quitina (C H_{815} NO_6) e do quitosano (C H $N_{56103930}$) Oforam apresentadas nas Figuras 2 e 3, respetivamente.

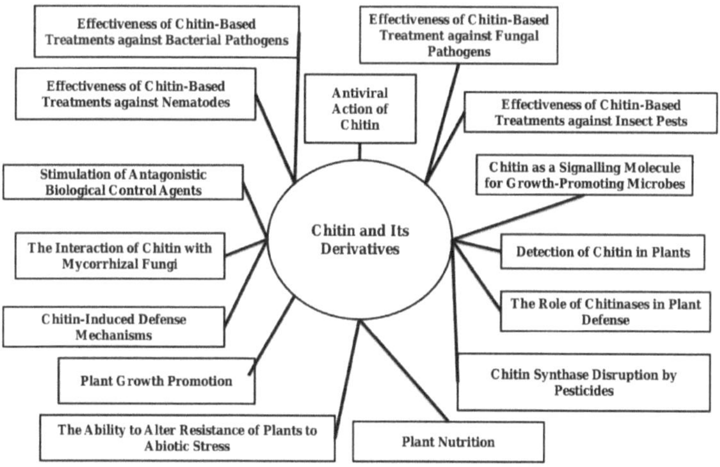

Figura 1- As razões mais importantes da aplicação da quitina e dos seus derivados.

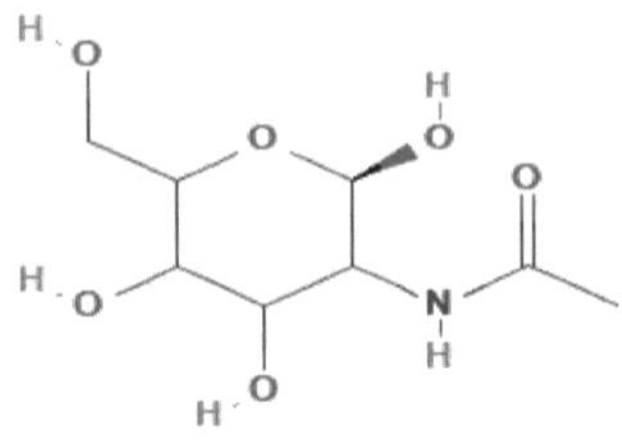

Figura 2- Estrutura química da quitina ($C\ H_{815}\ NO_6$).

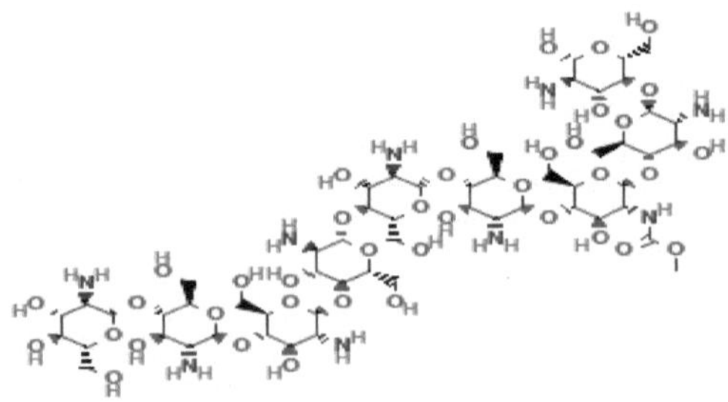

Figura 3- Estrutura química do quitosano ($C\ H\ N_{56103939}$) O.

Fungos
Glomus intraradices

O maior e mais comum género do filo *Glomeromycota* que mantém relações simbióticas com as raízes das plantas é o *Glomus* (Scervino et al., 2005; Albertsen et al., 2006; Eisenhauer et al., 2009), que pode melhorar a tolerância à seca da planta hospedeira através da mediação de proteínas com atividade semelhante à da chaperona (Porcel et al., 2007). A inoculação de *Glomus intraradices* orquestra alterações bioquímicas e o padrão de libertação de Zn nos solos, o que pode promover o aumento da disponibilidade de Zn (Subramanian et al., 2009). *Glomus intraradices* pode potencialmente fitoestabilizar o Cu em solos contaminados (Castillo et al., 2011). O tamanho dos poros, a distribuição do tamanho dos poros, bem como a distância do vizinho mais próximo, foram melhorados pelo *Glomus intraradices* (Martin et al., 2012). A aplicação de *Glomus intraradices* melhorou significativamente os traços de crescimento de transplantes de alface, pêssego, tomate, melão e abobrinha nos estágios iniciais de desenvolvimento devido à maior absorção de elementos principais e traços como P, Mg, Fe, Zn e B através do aumento da superfície da raiz (Colla et al., 2014). Os efeitos mais importantes do Glomus intraradices são mostrados na Tabela 2.

Quadro 2- Impacto *de Glomus intraradices* em algumas culturas experimentais.

Cultura	Nome científico	Família de plantas	Ponto-chave	Referência
Alfafa	*Medicago sativa* L.	Fabáceas	A inoculação diminuiu a concentração de Cd nos rebentos e melhorou a biomassa dos rebentos.	Liu et al. (2017)
			Os glomus intraradices aumentaram os valores nutricionais.	Jafari et al. (2018)
Astrágalo	*Astragalus sincius* L.	Fabáceas	*O Glomus intraradices* melhorou significativament e o crescimento das plantas.	Li et al. (2009)
Trevo de barril	*Medicago truncatula* Gaertn.	Fabáceas	A sua inoculação melhorou o crescimento das plantas e a	Redon et al. (2008) Recorbet et al. (2010)

			acumulação de metais na biomassa acima do solo.	
Manjericão	*Ocimum basilicum* L.	Lamiaceae	A co-inoculação de *Dietzia natronolimnaea* e *Glomus intraradices* com vermicomposto influenciou significativamente o seu crescimento sob stress de salinidade.	Bharti et al. (2016)
Laranja amarga	*Citrus aurantium* L.	Rutáceas	Tem um efeito positivo no crescimento.	Dutra et al. (1996)
Amieiro negro	*Alnus glutinosa* L. Gaertn	Betuláceas	Aumentou a área foliar, a altura dos rebentos e a biomassa total.	Oliveira et al. (2005)
Grama preta	*Vigna mungo* L. Hepper	Fabáceas	*O Glomus intraradices* favoreceu a eficiência do uso de nutrientes, além de aumentar a resposta de defesa da grama-preta contra *Spodoptera litura.*	Selvaraj et al. (2020)
Mandioca	*Manihot esculenta* Crantz	Euphorbiaceae	*O Glomus intraradices* aumentou o peso do caule, o comprimento do caule e o diâmetro do caule, bem como o peso e o número de folhas, o número de gemas e o peso da raiz.	Carretero et al. (2009)
Grão-de-bico	*Cicer arietinum* L.	Fabáceas	O biocontrolo da podridão radicular pode ser obtido através da aplicação combinada de *Rhizobium, G. intraradices* e *P. straita.*	Akhtar e Siddiqui (2008)
Feijão	*Phaseolus*	Fabáceas	*O Glomus*	Tajini et al.

comum	*vulgaris* L.		*intraradices* poderia aumentar a eficiência na utilização do fósforo.	(2012)
Pepino	*Cucumis sativus* L.	Cucurbitáceas	*Glomus intraradices* e fertilizante com fósforo conferem tolerância das plântulas a *Meloidogyne incognita*, aumentando o crescimento das plantas e controlando a reprodução e a galha dos nematóides durante os estágios iniciais.	Zhang et al. (2009)
Endro	*Anethum graveolens* L.	Apiáceas	*Glomus intraradices* melhorou os óleos essenciais.	Weisany (2018)
Gamhar	*Gmelina aroborea* Roxb.	Lamiaceae	A sua inoculação teve uma função importante na fitoestabilização através da secreção de uma glicoproteína e estabiliza o Al no solo, bem como nas raízes de Gamhar.	Dudhane et al. (2012)
Amendoim	*Arachis hypogaea* L.	Fabáceas	Pode melhorar o teor de zinco, cálcio, magnésio e manganês no óleo de sementes.	Pawar et al. (2018)
Avelã	*Corylus avellana* L.	Betuláceas	*O Glomus intraradices* influenciou significativamente o crescimento e as trocas gasosas das folhas, bem como a absorção de nutrientes das plântulas de avelã.	Rostamikia et al. (2017)
Feno-grego	*Trigonella foenum-graecum*	Fabáceas	*O glomus intraradices* contribuiu para a	Evelin et al. (2012)

			diminuição do stress salino através da estimulação da via iónica induzida pelo NaCl.	
			Melhorou o teor de glomalina rizosférica, causando uma redução na absorção de Zn pelas plantas.	Siani et al. (2017)
Biscoito de fogo	*Crossandra infundibuliformis* L.	Acantáceas	*O Glomus intraradices* tem o potencial de aumentar a produção comercial de flores.	Vaingankar e Rodrigues (2015)
Figo	*Ficus carica* L.	Moráceas	A sua aplicação pode conduzir a diferentes modelos de arquitetura de enraizamento.	Caruso et al. (2021)
Linho	*Linum usitatissimum* L.	Linaceae	*O glomus intraradices* contribuiu para o alívio da toxicidade do Ni.	Amna et al. (2015)
Ginseng	*Panax ginseng* Meyer	Araliaceae	*O Glomus intraradices* pode aumentar a taxa de colonização das raízes laterais do ginseng, aumentar os níveis de ginsenodies monoméricos e totais, melhorar a atividade das raízes, as actividades da polifenol oxidase e da catalase.	Tian et al. (2019)
Lichia	*Litchi chinensis* Sonn.	Sapindáceas	*Os glomus intraradices* tiveram um papel significativo para uma melhor nutrição de P.	Visen et al. (2017)
Milho	*Zea mays* L.	Poaceae	*O Glomus intraradices* pode aumentar a	Fries et al. (1996) Adriano-

			colonização das raízes e aumentar a tolerância ao fósforo solúvel.	Anaya et al. (2006) Bidondo et al. (2012)
Oliveiras	*Olea europaea* L.	Oleáceas	*Glomus intraradices* alterou a comunidade microbiana da rizosfera de oliveiras.	Mechri et al. (2014)
			O Glomus intraradices estimulou os perfis de açúcares da rizosfera das oliveiras.	Mechri et al. (2014)
			O rendimento do milho bebé foi nitidamente mais elevado nos vasos tratados com *Trichoderma viride* + *Glomus intraradices* + 75% da dose recomendada.	Yadav et al. (2018)
Cebola	*Allium cepa* L.	Amaryllidaceae	*O Glomus intraradices* é um agente notável na redução da podridão branca *do Allium.*	Jaime et al. (2008)
Ervilha	*Pisum sativum* L.	Fabáceas	Pode ter um efeito positivo no crescimento das plantas.	Wamberg et al. (2003)
Pimenta	*Capsicum annuum* L.	Piperaceae	*O Glomus intraradices* favoreceu a fotossíntese e os valores de fluorescência da clorofila.	Yolanda et al. (2012)
Batata	*Solanum tuberosum* L.	Solanáceas	As raízes da batata foram significativament e colonizadas por *Glomus intraradices.*	Cesaro et al. (2008)
Arroz	*Oryza sativa* L.	Poaceae	O arroz colonizado com esta planta pode aumentar o rendimento do	Herdler et al. (2008) Li et al. (2011)

			grão.	
Rosário	*Rosemarinus officinalis* L.	Lamiaceae	O *Glomus intraradices* aumentou o número de folhas, o diâmetro do caule, o teor de óleo e o peso fresco do caule.	Bahonar et al. (2016)
Salicórnia	*Atriplex nummularia* L.	Amaranthaceae	O *glomus intraradices* melhorou positivamente o crescimento.	Plenchette e Duponnois (2005)
Uva de areia	*Vitis rupestris* Scheele	Vitaceae	*Glomus intraradices* pode ajudar a controlar a doença do pé negro causada por *Cylindrocarpon macrodidymum*.	Petit e Gubler (2006)
Acácia prateada	*Acácia dealbata*	Fabáceas	*Glomus intraradices* favoreceu a solubilização de P e afetou a atividade microbiana na hiposfera das plantas.	Duponnois et al. (2005)
Sorgo	*Sorghum bicolor* L.	Poaceae	O *Glomus intraradices* aumentou o teor de aminoácidos totais e de amoníaco nas folhas.	Abdel-Fattah e Mohamedin (2000)
			O *Glomus intraradices* favoreceu o crescimento das plantas e a modulação da absorção de azoto.	Koegel et al. (2015)
Soja	*Glycine max* L.	Fabáceas	As bactérias solubilizadoras de glicina-glomo-fosfato podem levar a um aumento da produtividade das culturas, da absorção de nutrientes e da fertilidade do	Bidondo et al. (2011) Suri e Choudhary (2013)

			solo.	
Morango	*Fragaria* × *ananassa* Duch.	Rosáceas	Tem um impacto significativo nos parâmetros de crescimento.	Palencia et al. (2015)
Tabaco	*Nicotiana tabacum* L.	Solanáceas	Pode ser reconhecida por residir na fitoremediação.	Sudova et al. (2007)
Tomate	*Solanum lycopersicum* L.	Solanáceas	*Glomus intraradices* foi adequado para aliviar a podridão da coroa e da raiz *de Fusarium*.	Datnoff et al. (1995)
			Glomus intraradices pode ser aplicado como fator de biocontrolo em transplantes de tomate.	Nemec (1997) Bago et al. (1998) Scervino et al. (2005)
			Glomus intraradices pode modular *Meloidogyne incognita* em tomateiro.	Rumbos et al. (2006)
			A co-inoculação de sementes com *Azospirillum brasilense* e *Glomus intraradices* melhorou a altura da planta, a área foliar, a biomassa seca e o rendimento do tomate.	Lira-Saldivar et al. (2014)
Trigo	*Triticum aestivum* L.	Poaceae	A inoculação de *Glomus intraradices* pode aumentar o peso seco da planta, o número de grãos por espiga e o peso de mil grãos.	Mohammad et al. (2004)
			A inoculação de *Glomus intraradices* diminuiu os impactos adversos do stress de Ni.	Heidarian et al. (2017)
Trevo	*Trifolium repens*	Fabáceas	As composições	Ponce et al.

branco			das misturas de flavonóides das raízes e dos rebentos alteraram-se na presença ou ausência de *Glomus intraradices*.	(2004)
Hortelã selvagem	*Mentha arvensis* L.	Lamiaceae	Os bio-inoculantes melhoraram a produção e o crescimento da hortelã selvagem em solos com stress salino.	Bharti et al. (2016)
Flor do vento	*Zephyranthes* spp.	Amaryllidaceae	A inoculação com *Glomus intraradices* melhorou o fósforo e os hidratos de carbono e atenuou o azoto e os aminoácidos nos bolbos.	Scagel (2003)

Trichoderma atroviride

Os Trichoderma specis desempenham papéis dominantes na natureza como promotores do crescimento das plantas e antagonistas de fungos fitopatogénicos (Schubert et al., 2009; Oskiera et al, 2017), e como habitantes da rizosfera, contribuem em interações com outros solos, microrganismos, plantas e artrópodes em múltiplos níveis tróficos (Reithner et al., 2007; Macias-Rodriguez et al., 2020), e podem ser aplicados como biopesticida e agente de biocontrolo (Niznansky et al., 2016). Os membros do género *Trichoderma* são também aplicados em numerosos ramos da indústria, como a produção de enzimas, antibióticos e biocombustíveis (Blaszczyk et al., 2014). A proteína G e a MAPK estão largamente envolvidas na secreção de metabolitos antifúngicos e na formação de composições de infeção, e a via AMPc ajuda na condição e no enrolamento de *Trichoderma* em fungos patogénicos e dificulta a sua proliferação (Mukhopadhyay e Kumar, 2020). As principais interações *Trichoderma-Plantas* consistem nos seus efeitos na morfologia da planta, impactos na fisiologia da planta, efeitos na solubilização e absorção de nutrientes, melhoria do rendimento, indução de resistência a doenças e tolerância ao stress abiótico (Wuczkowski et al., 2003; Huang et al., 2015; Sood et al., 2020; Zin e Badaluddin, 2020). *O Trichoderma atroviride* pode ser considerado um fator de biocontrolo de agentes patogénicos do solo de espécies de pastagem como *Rhizoctonia solani* (Kuhn), *Pythium ultimum* (Trow) e *Sclerotinia trifoliorum* (Eriks) (Kandula et al., 2015). *O Trichoderma atroviride* foi considerado um candidato a biorremediador de Cu (Yazdani et al., 2009). *Trichoderma atroviride* T17 é um agente de biocontrolo de *Guignardia citricarpa*, que provoca a mancha negra dos citrinos (De Lima et al., 2016), bem como de culturas *de Allium* (McLean et al., 2012). *Trichoderma atroviride* AN240 é a alternativa adequada para o controlo biológico de espécies toxigénicas *de Fusarium* (Blaszczyk et al., 2017), e *Ascosphaera apis* pode ser controlada por *Trichoderm* spp. (Xue et al., 2015). *Trichoderma atroviride* KACC 40557 causou alterações transcricionais e hormonais nas plantas, e mostrou a melhor atividade anti-Phytophthoral (Bae et al., 2016). *Os Trichoderma* são cavalos de batalha fundamentais para a produção de proteínas recombinantes (Wei et al., 2020). A casca tratada com *Trichoderma atroviride* SC1 pode ser uma forma simples e económica de controlar a podridão radicular da Armillaria em bagas (Pellegrini et al., 2014). Os efeitos mais importantes do Trichoderma atroviride em algumas plantas são apresentados no Quadro 3.

Quadro 3- Efeitos de *Trichoderma atroviride* em algumas culturas experimentais.

Cultura	**Nome científico**	**Família de plantas**	**Ponto-chave**	**Referência**
Abacate	*Persea americana* Mill.	Lauraceae	*Trichoderma atroviride* pode controlar a podridão branca da raiz do abacateiro (*Rosellinia necatrix*).	Rosa e Herrera (2009)
Pepino	*Cucumis sativus* L.	Cucurbitáceas	O revestimento das sementes com *Trichoderma atroviride* TRS25 aumentou a germinação e melhorou o crescimento das plantas de pepino.	Szczech et al. (2017)
			Trichoderma atroviride TRS25 controlou o míldio em condições de campo.	Szczech et al. (2017)
Milho	*Zea mays* L.	Poaceae	O míldio do milho do Sul pode ser controlado por *Trichoderma atroviride* SG3403	Wang et al. (2015)
			A colonização de	Contreras-

			raízes por fungos desencadeia uma reação de defesa das plantas contra o inseto herbívoro *S. frugiperda*.	Cornejo et al. (2018)
			Trichoderma atroviride aumentou a taxa de parasitismo de Spodoptera por *Campoletis sonorensis*.	Contreras-Cornejo et al. (2018)
Mostarda	*Brassica juncea* (L.) Coss. Var. foliosa Bailey	Brassicaceae	*Trichoderma atroviride* F6 pode ser utilizado para a fitorremediação assistida por fungos de solos contaminados com metais orgânicos mistos.	Cao et al. (2008)
Cebola	*Allium cepa* L.	Amaryllidaceae	*Trichoderma* spp. preveniu Fusarium oxysporum f. sp. cepae (FOC) em cultura dupla.	Bunbury-Blanchette e Walker (2019)
Pera	*Pyrus communis* L.	Rosáceas	Revelou o maior antagonismo contra *Phytophthora cactorum* em pera.	Sanchez et al. (2019)
Milho de pérola	*Pennisetum glaucum* L.	Poaceae	O metabolito secundário de *Trichoderma* spp. pode mostrar-se anti-mofo na natureza.	Nandini et al. (2021)
Salva vermelha	*Salvia miltiorrhiza* Bunge	Lamiaceae	Um polissacárido homogéneo (PSF-W-1) obtido por *Trichoderma atroviride*, foi responsável por estimular o crescimento das raízes peludas *de Salvia miltiorrhiza*.	Wu et al. (2019)
			O PSF-W-1 modulou a biossíntese de tanshinones em raízes pilosas *de*	Wu et al. (2019)

			Salvia miltiorrhiza.	
Azevém	*Lolium multiflorum* L.	Poaceae	*Trichoderma* estimula a resistência de azevém contra *Pyricularia oryzae*.	Arellano et al. (2021)
Morango	*Fragaria* × *ananassa* L.	Rosáceas	Sentinel, que consistia em *Trichoderma atroviride*, como agente de controlo biológico contra o bolor cinzento (*Botrytis cinerea* Pers.)	Robinson-Boyer et al. (2009)
Chá	*Camellia sinensis* L.	Theaceae	O papel eficaz das nanopartículas de sílica e cobre de *Trichoderma* foi encontrado contra o cancro do colarinho e a podridão vermelha da raiz (*Poria hypolateritia*).	Natesan et al. (2020)
Tomate	*Solanum lycopersicum* L.	Solanáceas	Verificou-se que o *Trichoderma atroviride* diminuiu significativamente a gravidade da podridão radicular (*Pythium ultimum*) e melhorou o rendimento e os componentes do rendimento.	Gravel et al. (2006)
Vinha	*Vitis vinifera* L.	Vitaceae	*Trichoderma atroviride* SC1 tem efeitos significativos na microflora do solo.	Savazzini et al. (2009)
Trigo	*Triticum aestivum* L.	Poceae	As interações planta-micróbio podem ser responsáveis pelo apoio aos impactos bioestimulantes de *Trichoderma*	Lucini et al. (2019)

			atroviride e *Rhizoglomus irregulare.*	
			Trichoderma atroviride pode levar à resistência a *Fusarium culmorum*, o principal agente patogénico da podridão da coroa do trigo.	Benyahia et al. (2020)

Trichoderma reesei

Trichoderma reesei é um género de fungos filamentosos e uma fonte de celulose superior para aplicações industriais que pode produzir proteínas, incluindo celulases, várias enzimas, hidrofobinas e hemicelulases (Katenkamp et al., 1989; Keshavarz e Khalesi, 2016). A palha de arroz de resíduos agrícolas tem sido aplicada para a produção de enzimas de celulose necessárias para a produção de bioetanol através de *Trichoderma reesei* (Panda e Maiti, 2019). A inoculação de *Trichoderma reesei* e a sua interação simbiótica com plantas de trigo melhoraram o crescimento e fortaleceram as plantas hospedeiras contra os impactos negativos da salinidade, uma vez que *Trichoderma reesei* consiste em IAA e GA dentro da planta hospedeira (Ikram et al., 2019). *O Trichoderma reesei* como biofertilizante melhorou em condições de deficiência de nutrientes em diferentes cultivares de arroz e foi o melhor candidato a ser utilizado como biofertilizante adequado no cultivo de arroz (Singh et al., 2019). Foi encontrado um impacto sinérgico nos resíduos de chá para a absorção do metal pesado Cr(VI) a partir de celulases *de Trichoderma reesei* (Ng et al., 2013).

Heteroconium chaetospira

A partir das raízes da couve chinesa, foi isolado o fungo endofítico radicular *Heteroconium chaetospira* (Yonezawa et al., 2004), que penetra através das células epidérmicas exteriores do seu hospedeiro, passa para o córtex interior e cresce em todas as células corticais, incluindo as da região da ponta da raiz, sem causar sinais patogénicos aparentes (Hashiba e Narisawa, 2005). *Heteroconium chaetospira* pode fornecer azoto à planta, mais do que a planta mineraliza o azoto orgânico disponível (Ohki et al., 2002; Usuki e Narisawa, 2007). O tratamento com *Heteroconium chaetospira* pode controlar doenças causadas por *Pseudomonas syringae* pv. *macricola* e *Alternaria brassicae* nas folhas

(Hashiba e Narisawa, 2005). As plântulas de couve chinesa provenientes de sementes tratadas com *Heteroconium chaetospira* promoveram o crescimento (Narisawa et al., 1998). Um fungo endofítico, *Heteroconium chaetospira* isolado BC2HB1 (Hc), controlou a broca (*Plasmodiophora brassicae-Pb*) na canola em ensaios de crescimento em gabinete (Lahlali et al., 2014). Narisawa et al. (2005) também relataram que *Heteroconium chaetospira* é um potente agente de biocontrolo contra o clubroot em couve chinesa numa gama de humidade do solo baixa a moderada.

Bactérias
Artherobacter spp.

Espécies *de Arthrobacter*, Gram positivas, quimioorganotróficas e aeróbias obrigatórias, que são normalmente encontradas entre as bactérias do solo (Pasciak et al., 2010; Orlandini et al., 2014). É uma bactéria aeróbica dominante da classe das *Acinobactérias* e da família *Micrococcaceae* (Eschbach et al., 2003; Comi e Cantoni, 2011; Mukhia et al., 2021), e a sua versatilidade nuritonal é a principal caraterística das artrobactérias (Cacciari e Lippi, 1987). As capacidades de redução do Cr(VI) são as mais famosas e atractivas *na* bioremediação *in situ* (Dey e Paul, 2018; Field et al., 2018). A biomassa de *Arthrobacter protophormiae* foi aplicada para destacar Cd (II) de uma solução aquosa (Wang, 2013). *Arthrobacter echigonensis* MN1405 ajudou a *Phytolacca acinosa* Roxb. a obter alta eficiência de remediação da remoção e acumulação de Mn na área de contaminação por Mn (Li et al., 2016). Os impactos mais importantes de Artherobacter spp. em algumas culturas são apresentados no Quadro 4.

Quadro 4- Efeitos de *Artherobacter* spp. nas culturas experimentais.

Cultura	**Nome científico**	**Família de plantas**	**Ponto-chave**	**Referência**
Colza	*Brassica napus* L.	Brassicaceae	*Arthrobacter globiformis* pode aumentar os compostos fenólicos, as actividades enzimáticas da superóxido dismutase e da fenilalanina amónia-liase sob stress salino.	Stassinos et al. (2021)
Morango	*Fragaria* × ananassa	Rosáceas	Os compostos voláteis *do Arthrobacter agilis* UMCV2 promovem a germinação do aquénio do morango e estimulam positivamente o crescimento do morango *in vitro*.	Hernandez-Soberano et al. (2020)
Cana-de-açúcar	*Saccharum officinarum* L.	Poaceae	A estirpe GZK-1 de *Arthrobacter*	Getenga et al. (2009)

			sp. pode ser uma solução potencial para a remediação de solos agrícolas poluídos com s-triazina.	
Tomate	*Lycopersicon esculentum* L.	Solanáceas	*Arthrobacter* sp. isolado da rizosfera do tomate mostrou capacidade de solubilização de fosfato, um promotor de crescimento de plantas e actividades de biocontrolo, incluindo ácido indol acético (IAA).	Banerjee et al. (2010)
			As estirpes de *Arthrobacter* TF1 e TF7 podem aumentar a germinação das sementes, o comprimento das plântulas, o índice de vigor, o peso fresco e seco das plantas sob stress salino.	Fan et al. (2016)
Trigo	*Triticum aestivum* L.	Poaceae	Uma estirpe C2 de *Arthrobacter* sp. podia degradar eficazmente a atrazina em meio de sais minerais e no solo.	Cao et al. (2021)
			Uma estirpe C2 de *Arthrobacter* sp. pode diminuir a toxicidade da atrazina.	Cao et al. (2021)

***Acinetobacter* spp.**

Acinetobacter spp. são *coccobacilos* gram-negativos, não móveis, aeróbicos, oxidase negativos, sem capacidade de fermentação de glicose, que podem ser descobertos numa variedade de ambientes (Wu et al., 2018; Koizumi et al., 2019; Benoit et al., 2020; Gallagher e Baker, 2020). Pode fixar nitrogênio, produzir sideróforos, solubilizar minerais e até mesmo servir como epífitas ou endófitos de plantas que podem ajudar os hospedeiros a destacar os poluentes e tolerar estresses ambientais (Khaksar et al., 2017; Ho et al., 2020). As caraterísticas que promovem o crescimento das plantas de *Acinetobacter* spp. são IAA, solubilização de fosfato e sideróforos (Rokhbakhsh-Zamin et al., 2011; Lin et al., 2018). Eles são gordos, curtos, tipicamente 1,0-1,5 µm por 1,5-2,5 µm de tamanho durante a fase rápida de seu crescimento (Jung e Park, 2015; Almasaudi, 2018). *As Acinetobacter* spp. podem promover um maior crescimento das plantas e o teor de fósforo, e aumentar o teor de fenólicos das plantas, a eliminação de radicais e a atividade antioxidante (Joe et al., 2016). Rokhbakhsh-Zamin et al. (2011) também descobriram que *Acinetobacter* sp. PUCM1022 aumentou significativamente o comprimento da raiz, a altura do rebento e o peso seco da raiz de plântulas de milheto. *Acinetobacter* sp. TX5 tem uma capacidade especial para a remoção de nitritos com uma capacidade de suprimir a acumulação de N_2 O (Sun et al., 2021). Os óleos essenciais de *Citrus limon* e *Cinnamomum zeylanicum* podem ter impacto no crescimento de espécies de *Acinetobacter* e podem ser uma fonte de metabolitos com atividade modificadora antibacteriana (Guerra et al., 2012). A *Acinetobacter* sp. XS21 removeu eficazmente o arsenito da fração solúvel permutável e diminuiu a sua mobilidade no solo (Karn e Pan, 2016). Foi relatado que as estirpes de *Acinetobacter calcoaceticus* de soja e canola melhoram o crescimento das plantas (Prashant et al., 2009), e Kang et al. (2012) consideraram-na uma rizobactéria promotora do crescimento das plantas e uma estirpe produtora de giberelinas. Foi relatado que o uso de bactérias como *Acinetobacter* sp. pode melhorar significativamente o rendimento e os componentes do rendimento do arroz (Vaid et al., 2014), *Arabidopsis thaliana* (Betoudji et al., 2020), tomate (Reyes-Castillo et al., 2019) e trigo (Sachdev et al., 2010). Os parâmetros melhorados de crescimento de plântulas das sementes de culturas tratadas de *Vigna radiate*, *Vigna unguiculata*, *Abelmoschus esculentus* e *Dolichos lablab* mostraram o potencial único de Acinetobacter sp. RSC7 a ser aplicado numa formulação de biofertilizante em sistema de produção sustentável (Patel et al., 2017). A estirpe *Acinetobacter calcoaceticus* DD161 tem a atividade inibitória mais forte contra a *Phytophthora sojae* 01 na soja (Zhao et al., 2018). *Acinetobacter* sp. estirpe Xa6 pode ser utilizada como controlo biológico contra Ralstonia wilt (*Ralstonia solanacearum*), bem como aumentar o rendimento final do tomate (Xue et al., 2009). A estirpe SG-5 *de Acinetobacter* sp. é um candidato potencial para planos de remediação de metais, especialmente Cd em partes de plantas comestíveis, bem como promotores de crescimento de plantas (Abbas et al., 2020).

Enterobacter spp.

O gênero *Enterobacter* e um membro da família *Enterobacteriaceae* dentro da classe Gammaproteobacteria (Gupta et al., 2020; Shi et al., 2020; Gao et al., 2021; Xiao et al., 2021); a família Enterobacteriaceae é constituída por muitas bactérias, tais como *Escherichia coli*, *Klebsiella* spp. e *Enterobacter* spp. (Burst et al., 2019). Abiala e Odebode (2015), e Mowafy et al. (2021) relataram que as espécies de *Enterobacter* poderiam ser aplicadas como bio-inoculante para a saúde e o crescimento das plântulas de milho. A sua inoculação pode resultar numa maior nodulação radicular, peso, número e comprimento das vagens na soja (Yasmeen e Bano, 2014). *Enterobacter cloacae* é uma bactéria Gram-negativa ubíqua, em forma de bastonete e anaeróbica facultativa (Garcia-Gonzalez et al., 2018), que tem sido relatada para impulsionar o crescimento das plantas e o rendimento das culturas (Hinton e Bacon, 1995; Liu et al., 2007; Ren et al., 2010; Taghavi et al., 2010). *A Enterobacter cloacae* CAL3 pode ser aplicada como uma bactéria promotora do crescimento das plantas com impactos positivos no crescimento do feijão mungo, do pimento e do tomate (Mayak et al., 2001). *A Enterobacter cloacae* MSR1 apresentou caraterísticas de promoção do crescimento das plantas e pode ser desenvolvida como um biofertilizante ecológico para *Pisum sativum* (Khalifa et al., 2016). *Enterobacter cloacae* EMB19 pode ser aplicado para a redução de Zn (II) e outros metais pesados do ambiente contaminado (Bhattacharya et al., 2019). *Enterobacter* sp. MN17 e o revestimento de sementes com Zn aumentaram a rentabilidade, a produtividade, o Zn biodisponível e a qualidade dos grãos do grão-de-bico Kabuli (Ullah et al., 2020). *Enterobacter cloacae* CTWI-06 diminuiu 94% do Cr(VI) e pode melhorar significativamente o crescimento e a produtividade das plantas de arroz (Pattnaik et al., 2020). A estirpe RNT10 de *Enterobacter* sp. foi utilizada como nanofábrica para sintetizar ZrONPs, e os ZrONPs poderiam ser substituídos por agentes antifúngicos sintetizados quimicamente para o controlo da doença da ferrugem do ramo em bayberry (Ahmed et al., 2021). Um agente potencial para suprimir a podridão branca da raiz causada por *Rigidoporus microporus* e melhorar o crescimento de mudas de borracha é *Enterobacter* sp. UPMSSB7 e micorrizas com silício (Shabbir et al., 2021). *Enterobacter cloacae* estimulou o crescimento das plantas por acumular mais Cd mobilizável, particularmente na rizosfera de *Solanum nigrum* L. (Xu et al., 2020). A utilização combinada de Enterobacter sp. MN17 e biochar recuperou os impactos desfavoráveis do Cd em *Brassica napus* (Sabir et al., 2020). A estirpe CPSB49 de *Enterobacter* sp. revelou capacidade de promoção do crescimento das plantas e aumentou a absorção de crómio nas raízes e rebentos de *Helianthus annuus* L. (Gupta et al., 2019). *Enterobacter* sp. mostrou um aumento significativo nos caracteres morfo-bioquímicos do crescimento de mudas de arroz sob estresse de Cd (Mitra et al., 2018; Pramanik et al., 2018; Sarkar et al., 2018). *Enterobacter cloacae* TMX-6 poderia ser inoculado e translocado no arroz através das raízes, e aumentou a taxa de degradação do tiametoxam nas plantas de arroz (Zhan et al., 2021). *Enterobacter* sp J49 desenvolveu o crescimento de culturas de amendoim e milho, e também melhorou o teor de fósforo na planta (Luduena et al., 2019). *Enterobacter ludwigii* EB4B aumentou significativamente o peso seco do tomate e o comprimento da raiz, bem como o controlo de Fusarium oxysporum f.sp.*radicis-lyco-persici* (FORL) (Bendaha e Belaouni, 2020). Prajapati e Modi (2016) relataram que *Enterobacter hormoechei* KSB-8 melhorou significativamente a floração, a frutificação, a maturação dos frutos, o teor de clorofila do pepino, o teor de K e o comprimento da raiz. *Enterobacter roggenkampii* ED5 foi relatado como um colonizador proficiente em cana-de-açúcar e aumentou o crescimento da cana-de-açúcar em estufa (Guo et al., 2020).

Pseudomonas spp.

Os membros do género *Pseudomonas*, têm papéis notáveis no solo e na biosfera (Onal et al., 2020), pertencentes ao filo Proteobacteria, constituíram o género mais abundante de bactérias gram-negativas (BQ) quenching, particularmente nas rizosferas de todas as amostras de plantas (Wu et al, 2010; Jayamohan et al., 2018; Nazirkar et al., 2020; Samarzija e Zamberlin, 2020), e reconhecidas como factores de biocontrolo versáteis contra agentes patogénicos não bacterianos e bacterianos, tais como *Pectobacterium carotovorum* subsp. *carotovorum* (Pcc) (Alymanesh et al., 2016). *Pseudomonas graminis* CPA-7 contra *Salmonella* spp. e *Listeria monocytogenes* em pera recém-cortada em condições de ar (Iglesias et al., 2018). *Pseudomonas* spp. pode colonizar o tecido vegetal ou o interior das raízes, o que pode diminuir os impactos do stress ambiental na planta, ajudando na aquisição de nutrição vegetal, estimulando os níveis de hormonas vegetais, incluindo a acumulação de osmólitos e antioxidantes, e regulando para cima ou para baixo os genes relacionados com o crescimento das plantas (Mercado-Blanco e Bakker, 2007; Subhashini e Padmaja, 2011; Rajkumar et al., 2017). Phytophthora capsici é o patógeno peronosporomiceto mais devastador que causa amortecimento e ferrugem em muitas culturas vegetais, como cucurbitáceas e pimentão, em todo o mundo, resultando em graves perdas económicas (Zohara et al., 2016). *Pseudomonas* spp. MCC 3145 pode tolerar o stress biótico e abiótico, bem como ter competência fungicida e citostática para uso terapêutico e para a produção sustentável de culturas (Patil et al., 2017). A combinação de experiências *in vitro* e em estufa indicou estirpes *de Pseudmonas* benéficas eficazes que podem melhorar a qualidade das culturas ornamentais em condições de limitação de recursos (Nordstedt et al., 2020). Os voláteis de *Trichoderma* spp. diminuíram o crescimento de *Sclerotinia sclerotiorum* (Ojaghian et al., 2019). *Pseudomonas* spp. endofíticas foram encontradas em raízes de *Brassica napus* L. (Misko e Germida, 2002), raízes e rizosfera de *Calystegia soldanella* L. (Park et al., 2005), caules de *Citrus sinensis* L. (Lacava et al, 2006); folhas e bagas de *Coffea arabica* L. (Vega et al., 2005), partes aéreas de *Croccus albiflorus* Kit (Reiter e Sessitsch, 2006), raízes de *Daucus carota* L. (Surette et al, 2003), raízes e rizosfera de *Elymus mollis* Trin. (Park et al., 2005), folhas, caules e raízes de *Glycine max* L. (Kuklinsky-Sobral et al, 2005), raízes de *Gossypium hirsutum* L. (Mcinroy e Kloepper, 1995), caules e raízes de Oryza sativa L. (Adhikari et al., 2001), caules e raízes de *Ulmus* spp.

(Mocali et al., 2003), e seiva do xilema de Vitis vinifera L. (Bell et al., 1995). Os efeitos mais importantes de Pseudomonas spp. em culturas experimentais são indicados no Quadro 5.

Quadro 5- Impacto de *Pseudomonas* spp. em algumas culturas.

Cultura	Nome científico	Família de plantas	Ponto-chave	Referência
Banana	*Musa* spp.	Musáceas	A inoculação de rizobactérias *Bacillus amyloliquefaciens* Bs006 e *Pseudomonas fluorescens* Ps006 pode ser aplicada para a formulação de um novo biofertilizante.	Gamez et al. (2019)
Blackgram	*Vigna mungo* L.	Fabáceas	*Pseudomonas fluorescens* Pf1 e CHAO conduzem a uma resistência sistémica contra o vírus do enrugamento da folha do feijão (ULCV) na grama preta.	Karthikeyan et al. (2009)
Cominho preto	*Nigella sativa* L.	Ranunculáceas	*A Pseudomonas fluorescens* (PF1, PF2) e *a P. aeruginosa* (PF3) melhoraram a produção de sementes e puderam prevenir doenças de podridão radicular.	Al-Sman et al. (2019)
Sementes de mostarda preta	*Brassica juncea* (L.) Czern.	Brassicaceae	*A B. juncea* e *a Pseudomonas fluorescens* podem melhorar o crescimento das plantas e aumentar a biodisponibilidade dos metais no solo.	Fuloria et al. (2009)
Mirtilo	*Vaccinium corymbosum* L.	Ericaceae	*Bacillus* e *Pseudomonas* spp. podem impedir o crescimento de *Botrytis cinerea* e	Kurniawan et al. (2018)

			Alternaria alternata.	
			Lipopeptídeos de artrofactina estimulados por *Pseudomonas* spp.	Kurniawan et al. (2018)
Castor	*Ricinus communis* L.	Euphorbiaceae	*A Pseudomonas aeruginosa* MAJPIA03 tinha um mecanismo útil para impulsionar o crescimento das plantas, bem como para melhorar a nutrição das folhas.	Sandilya et al. (2017)
Grão-de-bico	*Cicer arietinum* L.	Fabáceas	*Pseudomonas fluorescens* e *P. aeruginosa* podem suprimir a murcha *de Fusarium*, estimular o crescimento e colonizar as raízes do grão-de-bico.	Saikia et al. (2005)
			Pseudomonas citronellolis (KM594397) conduziu a uma melhoria significativa do crescimento do grão-de-bico sob stress de arsénio.	Adhikary et al. (2019)
Pimenta malagueta	*Capsicum annuum* L.	Solanáceas	*Pseudomonas aeruginosa* revelou uma inibição de quase 100% da germinação de esporos de *Colletotrichum truncatum in vitro.*	Sandani et al. (2019)
Algodão	*Gossypium hirsutum* L.	Malvaceae	*A Pseudomonas aeruginosa Z5* foi a melhor candidata como bioinoculante para controlar o crescimento do patógeno fúngico associado à raiz do algodão.	Yasmin et al. (2014)
Pepino	*Cucumis sativus* L.	Cucurbitáceas	*Pseudomonas putida* (P3-57) diminuiu os teores de nitrato, Zn, Mg,	Kafi et al. (2021)

			Mo, Sr, Ba e Li nos frutos de pepino.	
			A Pseudomonas putida (P3-57) melhorou a pontuação de aceitação global da fruta.	Kafi et al. (2021)
			A Pseudomonas putida (P3-57) pode reforçar o sistema imunitário das plantas através das vias ISR e SAR, e diminuir os fertilizantes NPK.	Kafi et al. (2021)
Eucalipto	*Eucalyptus globulus* Labill.	Myrtaceae	*A Pseudomonas fluorescens* WCS417r controlou de forma notável a murchidão bacteriana causada por *Ralstonia solanacearum*, e *a Pseudomonas putida* WCS358r foi aproximadamente eficaz.	Ran et al. (2005)
Fava	*Vicia faba* L.	Fabáceas	*Pseudomonas syringae pv. phaseolicola* pode ser utilizada para o biocontrolo da doença do míldio do halo	Amijee et al. (1992)
			Pseudomonas fluorescens mostrou uma elevada atividade de biocontrolo contra *Orobanche foetida* e *Orobanche crenata*.	Zermane et al. (2007)
			A estirpe Nc1-2 de *Pseudomonas marginalis* mostrou também uma tendência para diminuir a incidência de *O. crenata* e para melhorar o	Zermane et al. (2007)

			desempenho da fava.	
Milho painço	*Eleusine coracana* (L.) Gaertn.	Poaceae	*Pseudomonas* spp. melhorou a aptidão das plantas, protegendo-as dos danos oxidativos causados pela seca.	Chandra et al. (2018)
Videira	*Vitis* spp.	Vitaceae	A estirpe Pf1 de Pseudomonas *fluorescens* estimulou significativamente a incidência de oídio.	Sendhilvel et al. (2007)
Feijão-mungo	*Vigna radiata* (L.) Wilczek	Fabáceas	*A Pseudomonas fluorescens* teve efeitos positivos na altura das plantas, na fertilidade do pólen, na nodulação das raízes e no teor de clorofila, e controlou biologicamente os nemátodos patogénicos do solo que afectam o feijão-mungo.	Tiyagi et al. (2011)
			A estirpe PS1 de *Pseudomonas aeruginosa* apresentou novas caraterísticas fisiológicas reguladoras do crescimento das plantas.	Ahemad e Khan (2012)
Alcachofra de Jerusalém	*Helianthus tuberosus* L.	Asteraceae	A estirpe JK2 de *Pseudomonas* spp. teve um impacto fungicida significativo em *Aspergillus tamari*, *Fusarium solani* e *Aspergillus fumigatus*.	Jin et al. (2013)
Bálsamo de limão	*Melissa officinalis* L.	Lamiaceae	A preparação das sementes e a inoculação das plântulas influenciaram sinergicamente o crescimento da	Hatami et al. (2021)

			erva-cidreira.	
			As Pseudomonas spp. aumentaram os índices de biomassa das plantas de erva-cidreira emitidas a partir de sementes *com primer* nSi.	Hatami et al. (2021)
Lentilha	*Lens Culinaris* L.	Fabáceas	A mistura de *Pseudomonas* e *Rhizobium* teve um impacto positivo no desenvolvimento das plantas, na absorção de nutrientes e na qualidade do sistema radicular.	Mishra et al. (2011)
Milho	*Zea mays* L.	Poaceae	A inoculação com *Pseudomonas fluorescens* biótipo G (N_3) teve impactos significativos no crescimento e no rendimento das plantas inoculadas.	Shaharoona et al. (2006)
			A Pseudomonas putida GAP-P45 teve efeitos significativos no estado fisiológico das plântulas e no crescimento sob stress de seca.	Sandhya et al. (2010)
Azeitona	*Olea europaea* L.	Oleáceas	O tratamento das raízes das oliveiras com *Pseudomonas fluorescens* selecionadas e separadas durante a propagação em viveiro pode ajudar no biocontrolo de *Verticillium dahliae* na oliveira.	Mercado-Blanco et al. (2004)
Organo	*Origanum vulgare* L.	Lamiaccae	A aplicação da interação *oregano-Pseudomonas* spp. é adequada para evitar a vitrificação e aumentar a eficiência da	Shetty et al. (1995) Shetty et al. (1996)

			propagação de tecidos vegetais *in vitro*.	
Ervilha	*Pisum sativum* L.	Fabáceas	*A Pseudomonas* spp. que consiste em ACC-Deaminase poderia diminuir os impactos do stress da seca no crescimento, rendimento e maturação da ervilha.	Arshad et al. (2008)
			A estirpe PGERs17 de *Pseudomonas* sp. tolerante ao frio pode ser aplicada como bioinoculante juntamente com *Rhizobium leguminosarum-PR1* para aumentar a aquisição de ferro, a absorção de nutrientes ou o crescimento das plantas.	Mishra et al. (2012)
Amendoim	*Arachis hypogaea* L.	Fabáceas	*A Pseudonomas aeruginosa* P4 pode regular o crescimento do amendoim, o funcionamento do sistema radicular e a fisiologia da defesa.	Gupta et al. (2020)
Milheto de pérola	*Pennisetum glaucum* (L.) R. Br.	Poaceae	A biopreparação de sementes de milho-miúdo com o isolado de *Pseudomonas fluorescens* conduz a um aumento significativo do crescimento das plantas e estimula a resistência contra a doença do míldio causada pelo fungo *Sclerospora graminicola*.	Raj et al. (2004)
Pimenta	*Capsicum annum* L.	Solanáceas	*Pseudomonas chlororaphis PA23*	Nakkeeran et al. (2006)

			Pythium aphanidermatum pode melhorar o crescimento de plântulas de pimentão.	
			A estirpe OB139 *de Pseudomonas frederiksbergensis* e a estirpe OB155 *de Pseudomonas vancouverensis* aumentaram as propriedades fisiológicas das plantas sob stress de salinidade.	Samaddar et al. (2019)
Ervilha-de-pombo	*Cajanus cajan* L. Millsp.	Fabáceas	A estirpe Pseudomonas spp. P17 revelou uma promoção significativa do crescimento em termos de massa seca, clorofila, comprimento da raiz, hidratos de carbono, azoto, ferro, cálcio e manganês.	Kumar et al. (2015)
Pistácios	*Pistacia vera* L.	Anacardiaceae	A estirpe VUPf428 de *Pseudomonas* pp. pode suprimir os nemátodos das galhas em pistácios.	Khatamidoost et al. (2015)
Rajmash	*Phaseolus vulgaris* L.	Fabáceas	*Pseudomonas lurida-NPRp15* e *Pseudomonas putida-PGRs4* foram adequadas para impulsionar o crescimento e o rendimento da rajmash.	Mishra et al. (2014)
Arroz	*Oryza sativa* L.	Poaceae	As estirpes PF1, TDK1 e PY15 *de Pseudomonas fluorescens* aumentaram o rendimento do grão e o controlo biológico do nemátodo da raiz do arroz	Seenivasan et al. (2012)

			Meloidogyne graminicola.	
			A *Pseudomonas fluorescens* PW-5 conduziu a um máximo de rebentos, raízes e peso seco.	Deshwal e Kumar (2013)
Sésamo	*Sesamum indicum* L.	Pedaliaceae	A *Pseudomonas fluorescens* pode aumentar a produção agrícola e melhorar o crescimento das plantas.	Sabannavar e Lakshman (2011)
Sorgo	*Sorghum bicolor* L.	Poaceae	A estirpe P*seudomonas* sp. P17 foi reconhecida como um potencial promotor de crescimento vegetal para o crescimento das plantas e a absorção de nutrientes.	Praveen Kumar et al. (2012)
			A *Pseudomonas fluorescens* teve efeitos significativos no comprimento dos rebentos e das raízes do capim-sudão.	Shim et al. (2014)
Soja	*Glycine max* L.	Fabáceas	A *Pseudomonas aeruginosa* pode aumentar a altura das plantas e o peso fresco dos rebentos, bem como suprimir a podridão radicular da soja.	Ehteshamul-Haque et al. (2007)
Cana-de-açúcar	*Saccharum officinarum* L.	Poaceae	As estirpes de *Pseudomonas* CHAO, EP1, KKM1 e VPT4 tiveram um efeito positivo contra *Colletotrichum falcatum*.	Viswanathan e Samiyappan (2008)
			As estirpes KKM1 e CHAO controlaram a	Viswanathan e Samiyappan (2008)

			doença da podridão vermelha.	
			O tratamento com *Pseudomonas* spp. aumentou substancialmente os parâmetros de qualidade do sumo de cana.	Viswanathan e Samiyappan (2008)
Girassol	*Helianthus annuus* L.	Asteraceae	*A Pseudomonas putida* GAP-P45 pode melhorar a tolerância ao stress da seca e aumentar a agregação do solo e o teor relativo de água nas folhas.	Sandhya et al. (2009)
			A estirpe AF-54 *de Pseudomonas* sp. contém várias caraterísticas promotoras do crescimento das plantas, que podem estimular o rendimento da cultura do girassol e aliviar a aplicação de fertilizantes químicos.	Majeed et al. (2018)
			Crescimento e resistência do girassol por *Pseudomonas entomophila* PE3 tolerante ao sal em solo salino.	Fátima e Arora (2021)
Agrião de Thale	*Arabidopsis thaliana* L.	Brassicaceae	*Pseudomonas* PS01 pode aumentar a germinação de *Arabidopsis thaliana* e a taxa de sobrevivência sob stress salino.	Chu et al. (2019)
Tomate	*Solanum lycopersicum* L.	Solanáceas	As estirpes Pa8 e Pa9 de *Pseudomonas* acruginosa indicaram uma elevada produção de IAA e podem ser recomendadas como adequadas para o biocontrolo	Singh e Siddiqui (2010)

			de Meloidogyne incognita.	
			A estirpe BICC602 de *Pseudomonas fluorescens* controlou o nemátodo das galhas (*Meloidogyne incognita*).	Mukherjee e Babu (2013)
			Pseudomonas chlororaphis e *Pseudomonas fluorescens* podem ser adequadas contra estirpes *de Salmonella* como aplicação pós-colheita e redução de agentes patogénicos.	Olanya et al. (2015)
			As estirpes OFT2 e OFT5 *de Pseudomonas* sp. melhoraram a absorção de iões e o crescimento sob stress de salinidade.	Win et al. (2018)
			A Pseudomonas spp. VBZ4 e *a P. stutzeri* VBZ17 podem levar a uma biodisponibilidade suficiente de Zn para aumentar o crescimento das plantas.	Karnwal (2020)
Trigo	*Triticum aestivum* L.	Poaceae	*Pseudomonas reactans* foram os canadiatos adequados como colonizadores efectivos de plântulas de trigo com 48 horas de idade.	Oksinska et al. (2011)
			Pseudomonas fluorescens pode ser recomendada como biocontrolo de uma doença radicular.	Kwak et al. (2012)
			Rhizobium e *Pseudomonas* mais	Afzal et al. (2014)

			P O_{25} é benéfico para o ambiente e economicamente produtivo.	

Ochrobactrum spp.

Ochrobactrum spp. pertence à família *Brucellaceae* (Zhang et al., 2021), e classe-alfa-proteobactéria (Cheng et al., 2009; Ibrahim, 2018; Gohil et al., 2020), geralmente encontrada no solo, juntamente com as raízes das plantas (Alonso et al., 2017; Sigida et al., 2020; Szpakowska et al., 2020). Aujoulat et al. (2019) relataram que *Ochrobactrum* é frequentemente encontrado em sistemas simbióticos de nematóides entomopatogénicos. Uma nova estirpe *de Ochrobactrum intermedium* produziu biossurfactante glicolipopeptídico (Bezza et al., 2015). Ochrosin, um biossurfactante multifuncional, produzido por *Ochrobactrum* sp. BS-206 indicando atividades antimicrobianas, anti-adesivas, anti-feedantes e inseticidas favoráveis (Kumar et al., 2014). *Ochrobactrum* sp. MPV1 é um candidato promissor para a bioconversão de oxiânions tóxicos, incluindo selenito e telurito, em suas respectivas formas elementares, produzindo Se intracelular e TeNPs possivelmente disponíveis em aplicações biomédicas e industriais (Zonaro et al., 2017). A fonte de azoto única e mista pode ser removida pelo *Ochrobactrum anthropic* LJ81, o que pode ser promovido pelo aumento do nitrito e do nitrato (Lei et al., 2019). *Ochrobactrum anthropic* DE2010 mostrou uma grande tolerância e um alto valor de capacidade de remoção para Cr (III), bem como eficaz na imobilização de Cr (III) (Villagrasa et al., 2020). O *Ochrobactrum* tem a eficácia de biossorção superior ao cobre, que envolveu adsorção de superfície, biorredução e quelação extracelular (Peng et al., 2019). *O Ochrobactrum* JAS2 isolado do solo da rizosfera de arroz mostrou proficiências significativas de produção de amoníaco, cianeto de hidrogénio (HCN) e ácido indol acético (IAA) com tremendas capacidades promissoras de crescimento vegetal (Abraham e Silambarasan, 2016). Zhao et al. (2012) introduziram *Ochrobactrum haematophiulm* como biofertilizante e biopesticida e substituto notável para o uso de fertilizantes químicos e pesticidas na agricultura. *Ochrobactrum ciceri* e *Ochrobactrum sytisi* são isolados de nódulos *de* Cicer (Imran et al., 2010) e de nódulos *de Cystisus* (Zurdo-Pineiro et al., 2007), respetivamente, enquanto *Ochrobactrum endophyticum* e Ochrobactrum *grignonese* são isolados de raízes de *Glycyrrhiza* (Li et al., 2016) e de raízes de trigo (Lebuhn et al., 2000), respetivamente. *Ochrobactrum lupine* isolado da rhiszophere *de Lupinus albus* (Trujillo et al., 2005; Volpiano et al., 2019) e *Ochrobactrum oryzae* da rizosfera do arroz (Tripathi et al., 2006). *Ochrobactrum quorumnocens* e *Ochrobactrum rhizosphaerae* são isolados da rizosfera da batata (Kampfer et al., 2008; Krzyzanowska et al., 2019), e *Ochrobactrum tritici* isolado do solo da raiz da rizosfera do trigo (Lebuhn et al., 2000). *Ochrobactrum lupini* KUDC1013 consistiu em resistência sistémica contra a mancha bacteriana causada por

Xanthomonas axonopodis pv. *vesicatoria* no pimento e resistência contra a podridão da mancha foliar causada por *Pectobacterium carotovorum* subsp. *carotovorum* no tabaco (Ham et al., 2009; Hahm et al., 2012). Na Tabela 6 são apresentados os impactos mais notáveis de *Ochrobactrum* spp no crescimento e rendimento de algumas culturas experimentais.

Quadro 6- Os efeitos mais importantes de *Ochrobactrum* spp. nas plantas.

Cultura	**Nome científico**	**Família de plantas**	**Ponto-chave**	**Referência**
Feijão comum	*Phaseolus vulgaris* L.	Fabáceas	A inoculação de plantas de feijão comum com *Ochrobactrum* sp. Pv2Z2 pode levar a um aumento do peso fresco e seco, da altura das plantas, bem como aumentar a absorção de azoto.	Imran et al. (2014)
Pepino	*Cucumis sativus* L.	Cucurbitáceas	*O Ochrobactrum* sp. NW-3 tinha uma elevada capacidade de aumentar o crescimento avaliado para promover o crescimento da planta.	Xu et al. (2015)
Alcachofra de Jerusalém	*Helianthus tuberosus* L.	Asteraceae	*Ochrobactrum anthropi* Mn1, fez fixação simbiótica de azoto, otimização morfológica da raiz e melhor absorção de nutrientes.	Meng et al. (2014)
Leguminosas		Fabáceas	*Ochrobactrum* sp. MC22 como bactéria promotora do crescimento de plantas, degradadora de triclocarban, que pode degradar e desintoxicar completamente o Triclocarban	Sipahutar e Vangnai (2017)

			(TCC) e todos os metabolitos de cloroanilina.	
Milho	*Zea mays* L.	Poaceae	*Ochrobactrum* sp. NBRISH6 melhorou a saúde geral das plantas sob stress abiótico.	Mishra et al. (2020)
Arroz	*Oryza sativa* L.	Poaceae	Os géneros *Ochrobactrum* contribuíram para o crescimento das plantas, bem como para o aumento da absorção de nutrientes pelas plantas de arroz *em* ensaios *in vivo*.	De Souza et al. (2015)
Goma vermelha do rio	*Eucalyptus camaldulensis* Dehnh.	Myrtaceae	*Ochrobactrum intermedium* BN-3 foi tolerante ao Pb, Cd e Zn, e pode melhorar a biomassa de acumulação de Pb pelo *Eucalyptus camaldulensis*.	Waranusantigul et al. (2011)
Azevém	*Lolium perenne* L.	Poaceae	Uma bactéria *Ochrobactrum* sp. PW melhorou a degradação do pireno no solo.	Liu et al. (2016)
			A inoculação da bactéria com azevém aumentou o peso seco da raiz e do rebento do azevém.	Liu et al. (2016)
Soja	*Glycine max* L.	Fabáceas	*Ochrobactrum* sp. MGJ11 secreta IAA e apresenta tolerância ao Cd.	Yu et al. (2016)
			A inoculação de *Ochrobactrum* sp. MGJ11 melhorou o comprimento da raiz e do rebento, bem como a	Yu et al. (2016)

			biomassa da soja.	
Cana-de-açúcar	*Saccharum officinarum* L.	Poaceae	*Ochrobactrum intermedium* NH-5 mostrou uma boa atividade de biocontrolo, suprimindo a podridão vermelha.	Hassan et al. (2014)
Tabaco	*Nicotiana tabacum* L.	Solanáceas	*Ochrobactrum lupini* KUDC1013 indicou um grande potencial como agente de controlo biológico contra fitopatógenos.	Sumayo et al. (2013)
Trigo	*Triticum aestivum* L.	Poaceae	O *Ochrobactrum* é o melhor candidato para a solubilização de diferentes fontes de P.	Rasul et al. (2021)

***Bacilus* spp.**

Várias espécies de *Bacillus* foram reconhecidas como bactérias promotoras do crescimento das plantas porque suprimem os agentes patogénicos e aumentam o crescimento das plantas (Idris et al., 2007; Posada et al., 2016; Nanjundappa et al., 2019). O género *Bacillus* é constituído por espécies patogénicas de origem alimentar e associadas à deterioração, como *Bacillus cereus*, *Bacillus licheniformis*, *Bacillus subtilis* e *Bacillus pumilus* (Caamano-Antelo et al., 2015). O género *Bacillus* inclui células bacterianas Gram positivas, em forma de bastonete, de 0,3-2,2 a 1,2-7,0 µm, a maioria delas móveis, com flagelos peritríquios (Alina et al., 2015), e é constituído por mais de 60 espécies (Aloo et al., 2019). As espécies de *Bacillus* como inoculantes biológicos na agricultura mostraram muitas vantagens e têm a capacidade de produzir endosporos com viabilidade prolongada e alta resistência (Raupach e Kloepper, 1998; Noell et al., 2015). As melhorias na saúde e produtividade das plantas são controladas por três mecanismos ecológicos diferentes: produção de antifúngicos que causam antagonismo de pragas e patógenos, secreção de compostos que estimulam o crescimento da planta e modulação das defesas do hospedeiro da planta, incluindo a resistência sistémica da planta (Joshi e McSpadden Gardener, 2006; Tahir et al., 2017; Yi et al., 2018). *Bacillus pumilus MSTA8* e *Bacillus amyloliquefaciens MSTD26* tiveram papéis importantes na colonização da raiz, competência da rizosfera e formação de biofilme usando exsudatos de raiz de *Eleusine coracana* L. ricos em aminoácidos, carboidratos e proteínas

(Dheeman et al., 2020). As estirpes de *Bacillus* AM1, D16, D29 e H8 mostraram atividade antagonista e foram relatadas como boas candidatas para o controlo biológico da murcha bacteriana do tomateiro (TBW) em condições de estufa, bem como o seu potencial para melhorar o crescimento do tomateiro (Almoneafy et al., 2012). *O Bacillus mycoides* isolado BacJ (Bargabus et al., 2002) e *o Bacillus pumilis* isolado 203-7 (Bargabus et al., 2004) controlaram a mancha foliar de Cercospora em beterrabas açucareiras. *Bacillus atrophaeus*, *Bacillus subtilis*, *Bacillus amyloliquefacients*, *Bacillus simplex* e *Bacillus tequilensis* mostraram actividades antagonistas consideráveis contra *Fusarium culmorum* e *Fusarium solani* (Harba et al., 2020). Um dos isolados do feijão (*Lablab niger* Medikus) foi identificado como *Bacillus siamensis* melhorou a altura da planta em 14,66-15,68%, o peso fresco do rebento em 34,5-65,09% e o peso fresco da raiz em 75,3-92,48% em relação ao controlo não tratado de cultivares de tomate (Islam et al., 2019). *Bacillus subtilis* melhorou o teor relativo de água na folha de milho e aumentou o crescimento da planta sob salinidade, bem como diminuiu os danos bioquímicos no milho (Ferreira et al., 2018). Foi descoberto um aumento significativo na altura das plantas, nos teores de clorofila, nos teores de biomassa e na absorção de nutrientes, quando a couve chinesa foi tratada com *Bacillus subtilis* JW1 (Kang et al., 2019). A estirpe de *Bacillus subtilis* CIFT-MFB-4158A pode colonizar a superfície da raiz, enquanto *B. subtilis* BSn5 foi o agente apropriado para colonizar raízes internas, e ambos podem controlar *Ralstonia solanacearum in vitro* (Yanti et al., 2017). Os agentes de biocontrolo baseados em Bacillus têm papéis importantes no controlo de patógenos bacterianos de plantas, como *Pseudomonas syringae* em *Arabidopsis* (Bais et al., 2004), *Xanthomonas campestris* pv. *campestris* em Brassica (Wulff et al., 2002) e *Ralstonia solanacearum* em amoreira (Ji et al., 2008). Os resultados de experiências em estufa com plantas de tabaco mostraram que o tratamento com *Bacillus* spp. aumentou significativamente o peso fresco e a altura das plantas, ao mesmo tempo que diminuiu claramente a classificação da gravidade da doença do vírus do mosaico do tabaco (TMV) (Shuai et al., 2009). *Bacillus megaterium* R181, *B. safensis* R173 e *B. simplex* R180 foram relatados para melhorar o crescimento do trigo e da soja (Akinrinlola et al., 2018). *Arabidopsis thaliana* recruta ativamente *B. subtilis* por meio de moléculas secretadas pela raiz, e as importantes funções dos quimiorreceptores *de B. subtilis* para a colonização efetiva de plantas em ambientes naturais foram encontradas (Allard-Massicotte et al., 2016). *A* interação *de B. subtilis* com as raízes de várias plantas, e esta interação é eficaz para ambos os lados, uma vez que *B. subtilis* inculca muitas funções que melhoram o crescimento e a saúde das plantas (Vullo et al., 1991; Pandey e Palni, 1997; Cazorla et al., 2007). Krause et al. (2003) descobriram que Bacillus spp. pode induzir resistência sistémica induzida (ISR) contra a doença foliar causada por *Xanthomonas campestris* pv. *armoraciae*, enquanto Zehnder et al. (2000) relataram o potencial de *Bacillus* spp. para induzir ISR contra o vírus do mosaico do pepino (CMV) em tomates. *Bacillus* spp. foi reconhecido em ensaios de campo pela sua capacidade de diminuir a incidência e a gravidade do vírus da mancha do tomateiro (ToMoV) que é transmitido por moscas brancas (Murphy et al., 2000). Foi relatada uma redução de 50% da dose de ferilização de azoto após a aplicação de *Bacillus* spp. no campo (Lopez-Valenzuela et al., 2019). A inoculação de plantas com *Bacillus* spp. A estirpe M9 afetou significativamente o mecanismo fotossintético e o desempenho das plantas de pimenta (*Capsicum* spp.) para aumentar a fluorescência da clorofila e os parâmetros das trocas gasosas, e a inoculação de plantas com *Bacillus* spp. M9 e *Bacillus cereus* K46 revelou impactos positivos tanto na extinção fotoquímica como na taxa de assimilação de CO_2 em comparação com plantas não inoculadas (Samaniego-Gamez et al., 2016). As plântulas de milho inoculadas com *Bacillus* spp. melhoraram a biomassa das plantas, o potencial hídrico das folhas, a aderência das raízes ao solo/tecido radicular, o teor relativo de água, a estabilidade dos agregados, a diminuição da perda de água das folhas e podem diminuir os efeitos secundários adversos do stress da seca (Vardharajula et al., 2011). Foi relatado que *B. subtilis* poderia atuar sinergicamente para estimular o crescimento e a aptidão das plantas de bassia indiana sob stress salino (Abeer et al., 2015). Um aumento significativo em diferentes constituintes proximais, incluindo proteína bruta (22,13%), matéria seca (32,25%), gordura (30,77%), hidratos de carbono (49,08), metionina (47,68%), lisina (59,41%) e triptofano (38,05%) em grãos de amaranto obtidos por combinação de *Bacillus pumilus* e *Bacillus subtilis* (Pandey et al., 2018). Quando inoculado com Bacillus sp. UFPEDA 472, o feijão-de-lima apresentou melhores respostas de crescimento (Lima et al., 2016). *Bacillus amyloliquefacients* Y1 teve impactos significativos nas propriedades do solo e estimulou o crescimento da planta de pimenta, melhorando o NPK (Jamal et al., 2018). *Bacillus* sp. SP-A9 pode diminuir as perdas económicas resultantes de doenças causadas por fungos do género *Fusarium* e estimulou a melhoria do uso de proteção química das culturas (Przemieniecki et al., 2018). *B. subtilis* pode ser um substituto adequado como bactéria endofítica promotora do crescimento vegetal para a cultura do algodão, que pode influenciar significativamente a matéria seca da raiz e do rebento e o teor de fósforo no solo (Diaz et al., 2019). Os benefícios das espécies de Bacillus com base na promoção do crescimento das plantas são apresentados no Quadro 7. Os efeitos de *B. subtilis* são indicados no Quadro 8. Alguns exemplos de preparações comerciais à base de Bacillus são apresentados no Quadro 9.

Quadro 7- Os benefícios mais importantes das espécies de *Bacillus* de acordo com a promoção do crescimento das plantas.

Benefício	**Pontos-chave**	**Referência**
Fixação do azoto	*B. cereus*, *B. circulans*, *B. firmus*, *B. pumilus*, *B. licheniformis*, *B. megaterium*, *B. subterraneous*, *B. aquimaris*, *B. vietnamensis* e *B. aerophilus* são reconhecidos pela sua capacidade de fixar azoto atomosférico.	Ding et al. (2015) Yousuf et al. (2017)
	As espécies diazotróficas *B. pumilus*, *B. altitudinis* e *B. safensis* foram isoladas da	Habibi et al. (2014)

	rizosfera de milho, arroz e erva-caranguejeira, respetivamente.	
	Uma bactéria diazotrófica *Bacillus rhizosphaerae* foi isolada da rizosfera da cana-de-açúcar.	Madhaiyan et al. (2011)
	Bacilus megaterium, *B. marisflavi* e *B cereus* separados da rizosfera de diferentes culturas de campo na China foram considerados positivos para o gene *nifH*.	Saxena et al. (2019)
Nutrição em fósforo	Muitas espécies de Bacillus como *B. circulans*, *B. cereus*, *B. fusiformis*, *B. pumilus*, *B. megaterium*, *B. mycoides*, *B. coagulans*, *B. chitinolyticus* e *B. subtilis* foram descobertas como solubilizadores de fósforo.	Sharma et al. (2013) Panda et al. (2016) Saeid et al. (2018)
	B. cereus e *B. megaterium* foram registados como bactérias mineralizadoras de fósforo orgânico.	Guang-Can et al. (2008)
	Sabe-se que as fitases são produzidas por *B. subtilis*, *B. licheniformis* e *B. laevolacticus*.	Farhat et al. (2008)
	Bacilus flexus e *B. megaterium* demonstraram ter atividade de fosfato ácido e alcalino.	Ibarra-Galeana et al. (2017)
Produção de fitohormonas	A produção de IAA é registada em várias espécies de Bacillus, como *B. velezensis*, *B. subtilis*, *B. megaterium* e *B. licheniformis*.	Lim e Kim (2009)
	A atividade da 1-aminociclopropano-1-carboxilato (ACC) desaminase foi descoberta em *B. subtilis*, *B. firmus*, *B. circulans* e *B. globisporus*.	Xu et al. (2014)
	Há relatos de que as giberelinas são produzidas por *B. pumilus*, *B. licheniformis*, *B. cereus*, *B. macroides*, *B. velezensis* e *B. subtilis*.	Radhakrishnan e Lee (2016)
	A pulverização foliar com B. velezensis KF2 com capacidade de produzir giberelinas e IAA desencadeou a promoção do crescimento e a defesa das	Radhakrishnan e Lee (2016)

	plantas de sésamo.	
	Descobriu-se que a estirpe SRB02 de *Bacillus aryabhattai*, isolada da rizosfera da soja, produzia níveis elevados de IAA, giberelinas e ácido jasmónico, que estimulam o crescimento da soja e aliviam o stress oxidativo.	Park et al. (2017)
	Bacillus subtilis, *B. megaterium*, *B. licheniformis* e *B. velezensis* são conhecidos pela produção de citocinina.	Alina et al. (2015) Asari et al. (2017)
Produção de sideróforos	Sabe-se que os sideróforos são produzidos por *B. anthracis*, *B. thuringiensis*, *B. cereus*, *B. velezensis*, *B. atrophaeus*, *B. mojavensis*, *B. licheniformis*, *B. pumilus*, *B. halodenitrificans* e *B. subtilis*.	Ramadoss et al. (2013) Goswami et al. (2014)
Absorção de nutrientes	A solubilização de potássio foi encontrada em espécies como *B. velezensis*, *B. cereus*, *B. circulans*, *B. coagulans*, *B. edaphicus*, *B. megaterium*, *B. subtilis*, *B. firmus*, *B. mycoides*, *B. decolorationis* e *B. horikoshii*.	Verma et al. (2015)
	Foi relatado que *Bacillus licheniformis* BHU18 solubiliza potássio e produz IAA.	Saha et al. (2016)
	Os solubilizadores de zinco mais importantes do género Bacillus são *B. aryabhattai*, *B. subtilis*, *B. thuringiensis* e *B. tequilensis*.	Shakeel et al. (2015) Singh et al. (2017)
	O B. subtilis GB03 foi descoberto para aumentar o teor de ferro tanto na Arabidopsis como na mandioca.	Freitas et al. (2015)
Promoção do crescimento de plantas em plantas	As formulações de PGPR mais notáveis baseadas em *B. velezensis*, *B. megaterium* var. *phosphaticum*, *B. subtilis* e *B. thuringiensis* var. *kurstaki* são Hatake, RhizoVital®42(FZB42), Amyprotec-42(FZB42), Symbion-P®, Green dual, Companion (GB03), Jingaiguibao, Lepinox Plus (G 2348), Fosfix e Serenade	Sharma et al. (2013) Panda et al. (2016) Asari et al. (2017) Berini et al. (2018) Fira et al. (2018)

	(QST-713)	

Quadro 8- Os benefícios mais importantes da *B. subtilis* para a promoção do crescimento das plantas.

Benefícios	**Ponto-chave**	**Referência**
Melhora a disponibilidade de nutrientes	O azoto atmosférico pode ser fixado, bem como promover a nodulação e aumentar a colonização de rizobactérias simbióticas nativas.	Vivas et al. (2003) Elkoca et al. (2007) Hayat et al. (2010)
	Tem a capacidade de solubilizar o fósforo através da produção de vários ácidos orgânicos que o transformam numa forma solúvel.	Saeid et al. (2018)
	Pode estimular o teor de ferro nas plantas, facilitando a mobilidade do ferro através da acidificação da rizosfera e induzindo a regulação positiva dos genes de aquisição de ferro nas plantas.	Zhang et al. (2009) Stefan et al. (2013) Freitas et al. (2015)
Altera a homeostasia das hormonas de crescimento das plantas	Produz uma vasta gama de compostos que influenciam diretamente o crescimento das plantas de diferentes formas.	Blake et al. (2021)
	Pode levar à produção na planta através de compostos secretados.	Ryu et al. (2003) Arkhipova et al. (2005)
	Os voláteis *de B. subtilis* podem estimular a homeostase da auxina em *A. thaliana*, levando à diminuição dos níveis de auxina nas folhas, mas a níveis mais elevados nas raízes.	Zhang et al. (2007)
	B. subtilis aumentou o crescimento das plantas através da indução de expansões e da redução dos níveis de etileno.	Xie et al. (2014)
	B. subtilis é capaz de promover fitohormonas.	Arkhipova et al. (2005)
	A estirpe SYST2 de *Bacillus subtilis* teve um impacto significativo na biomassa da planta e nos conteúdos endógenos de auxina, giberelinas e citocinina,	Tahir et al. (2017)

	enquanto diminuiu os níveis de etileno.	
Reduz o stress abiótico	O GOT9 *de B. subtilis* mostrou uma maior tolerância ao stress salino e à seca em *A. thaliana* e *Brassica campestris* através da estimulação da expressão genética das plantas, incluindo a regulação positiva dos genes de biossíntese do ácido abscísico (ABA).	Woo et al. (2020)
	B. subtilis pode diminuir os danos causados pela seca através do aumento da biossíntese de osmoprotectores, bem como da estimulação específica de órgãos do importador de Na^+ da planta HKT1.	Zhang et al. (2008) Zhang et al. (2010)

Tabela 9- Exemplos de preparações comerciais *à base de Bacillus* (Miljakovic et al., 2020).

Espécies *de Bacillus*	**Preparação**	**Plantas**	**Empresa**
Bacillus subtilis	Serenata	Legumes, frutas	AgraQuest Inc., EUA
Bacillus subtilis	Companion®	Leguminosas, legumes, milho e outros	Growth Products Ltd., EUA
Bacillus subtilis	Kodiak	Leguminosas, algodão e outros	Gustafson Inc., Estados Unidos
Bacillus subtilis	Cessar	Várias culturas	BioWorks Inc., EUA
Bacillus subtilis	Subtilex	Produtos hortícolas, leguminosas, algodão e outros	Becker Underwood, Inc., EUA
Bacillus subtilis	Pro-Mix®	Soja, plantas ornamentais e outras	Premier Horticulture Inc., Canadá
Bacillus subtilis	FZB24	Várias culturas	AbiTEP GmbH, Alemanha
Bacillus subtilis	Bio Safe	Leguminosas, produtos hortícolas, algodão	Laboratório. Biocontrole Farroupilha, Brasil
Bacillus subtilis	Ecoshot®	Produtos hortícolas, legumes, frutos e outros	Kumiai Chemical Industry, Japão
Bacillus subtilis	Biosubtilina	Cereais, produtos hortícolas,	Biotech International Ltd.,

		leguminosas, oleaginosas, algodão e outros	Índia
Bacillus amyloliquefaciens	BioYield®	Leguminosas, produtos hortícolas, tabaco	Gustafson Inc., Estados Unidos
Bacillus amyloliquefaciens	Rhizocell GC®	Cereais, beterraba sacarina	Lallemand Plant Care, França
Bacillus amyloliquefaciens	RhizoVital®42, RhizoVital®42TB	Produtos hortícolas, cereais, plantas ornamentais	ABiTEP GmbH, Alemanha
Bacilus pumilus	Ballad®Plus	Cereais, sementes oleaginosas, beterraba sacarina, milho doce	AgraQuest Inc., EUA
Bacilus pumilus	Escudo de proteção®.	Leguminosas, cereais, produtos hortícolas, beterraba sacarina, algodão	Bayer CropScience, EUA
Bacilus pumilus	Sonata®	Legumes, frutas	AgraQuest Inc., EUA
Bacilus licheniformis	EcoGuard	Várias culturas	Novozymes A/S Dinamarca, Novozymes Biologicals, EUA
Bacilus velezensis	Botrybel®	Legumes, frutas	Agricaldes, Espanha
Bacillus megaterium	Símbolo-P®	Cereais, leguminosas, oleaginosas, produtos hortícolas	T. Stanes & Co. Ltd., Índia
Bacillus sp.	Sublic®	Várias culturas	ELEP Biotechnologies, Itália
Bacillus spp.	*Bacilos* SPP®	Várias culturas	Bio Insumos Nativa, Chile

A interação entre fungos micorrízicos arbusculares (FMA) e *Bacillus* spp. pode estimular o crescimento das plantas em *Tagetes erecta* (*G. fasciculatum* e *B. subtilis*) (Flores et al., 2007), *Artemisia annua* (*G. mosseae* e B. subtilis) (Awasthi et al., 2011), *Capsicum annuum* (*Funneliformis mosseae* e *B. sonorensis*) (Thilagar et al, 2016), *Withania somnifera* (*Acaulospora laevis*, *Claridioglomus etinucatum* e *B. licheniformis*) (Anuroopa e Bagyaraj, 2017), e *Solanum lycopersicum*, e *Capsicum annuum*) (*Funneliformis mosseae* e *B. sonorensis*) (Desai et al., 2019). A interação entre AMF e *Bacillus* spp. pode levar à proteção das plantas contra patógenos, como a interação entre *Glomus mosseae* ou *G. manihotis* e *Bacillus* sp. contra *Meloidogyne incognita* em

Carica papaya (Jaizme-vega et al, 2006), interação entre *G. aggregatum* e *B. coagulans* contra *Meloidogyne incognita* em *Solanum lycopersicum* (Serfoji et al., 2010), e interação entre *Glomus* spp. e *Bacillus* sp. contra *Verticillium dahlia* em *Fragaria ananassa* (Tahmatsidou et al., 2006). A interação entre FMA e Bacillus spp. pode aliviar o stress abiótico, como a interação entre *Glomus mosseae* e *G. intraradices* e *Bacillus* sp. contra a seca *em Lactua sativa* (Vivas et al, 2003), a interação entre *G. intraradices* e *B. thuringiensis* contra a seca em *Retama sphaerocarpa* (Marulanda et al., 46), e a interação entre *Claroideoglomus etunicatum* + *Rhizophagus intraradices* + *Funneliforms mosseae* e *B. subtilis* contra a salinidade em *Acacia gerrardii* (Hashem et al., 2016). As espécies de *Bacillus* têm diferentes caminhos para a promoção do crescimento das plantas, como *Bacillus pumilus* e *Bacillus sp.* para o milho, que têm N_2 -fixação (Szilagyi-Zecchin et al., 2014; Kuan et al., 2016). *B. megaterium*, *B. subtilis* e *B. simplex* que têm solubilização de P para berinjela, pimenta e tomate, respetivamente (Bahadir et al., 2018), e *Bacillus subtilis* que tem solubilização de P para pepino (Garcia-Lopez e Delgado, 2016). *Bacillus amyloliquefaciens* pode causar mais resistência ao *vírus da murcha manchada do tomate* e ao *vírus Y da batata* na doença da murcha do tomate (Beris et al., 2018), *Bacillus cereus* pode levar a uma maior resistência a *Botrytis cinerea* na doença do bolor cinzento das culturas de campo e vegetais (Nie et al, 2017), *Bacillus subtillis* contra *Rhizoctonia solani* no míldio da bainha do arroz (Spaepen et al., 2007), *Bacillus amyloliquefaciens* contra *Xanthomonas axonopodis* pv. *versicatoria* na doença da mancha foliar do pimento (Choi et al., 2014). *Bacillus sp.* pode aumentar a resistência a *Pyricularia oryzae* e *Colletotrichum capsica* na *doença da explosão* do arroz (Rais et al., 2017) e *antracnose do* pimentão (Jayapala et al., 2019). *Bacillus subtilis* e *Bacillus* sp. podem levar à resistência a *Fusarium oxysporum* f. sp. *cucumerinum* e *Plasmopara halstedii* na podridão radicular do pepino (Chen et al., 2010) e *míldio* do girassol (Nandeeshkumar et al., 2008), respetivamente. Os mecanismos de *Bacillus subtilis* no controlo biológico do stresse biótico consistem na indução de resistência sistémica adquirida, na alteração das atividades de extinção de ROS, na estimulação do potencial antioxidante, na produção de bacteriocinas, na estimulação da solubilização de AMF e P, na produção de enzimas hidrolíticas da parede celular, na produção de compostos antibióticos lipopeptídicos e na produção de Iturina A (Hashem et al., 2019).

Rhodococcus spp.

Uma gama diversificada de capacidades metabólicas exibidas por Rhodococci, uma parte única de muitos ambientes, que são considerados pela sua capacidade de degradar compostos aromáticos de cadeia longa e curta, tais como hidrocarbonetos aromáticos policíclicos halogenados, heteroaromáticos e hidroaromáticos (Warhurst e Fewson, 1994; Cercijo et al., 2021). Os rodococos, que contêm várias espécies com importância ecológica, agrícola e biotecnológica (Francis et al., 2016), podem tolerar ambientes desfavoráveis e compostos tóxicos extremos devido à sua estrutura de parede celular e grande variedade de enzimas que podem desintoxicar e degradar constituintes nocivos em habitats hostis (Savory et al., 2017; Patek et al., 2021). O género *Rhodococcus* é uma bactéria aeróbica, Gram-positiva e não esporulada que pertence ao filo *Actinobacteria* (Bala et al., 2013; Lincoln et al., 2015; Dhaouadi et al., 2020; Dhaouadi et al., 2021). *Rhodococcus erythropolis* MTC 7905 pode diminuir Cr^{6+} e estimula o crescimento de plantas de ervilha (*Pisum sativum*) a baixa temperatura (Trivedi et al., 2007). Abraham e Silambarasan (2018) também relataram que *Rhodococcus erythropolis* JAS13 poderia ser utilizado para biorremediação integrada de pesticidas e capacidade de promoção do crescimento de plantas em sistemas agrícolas. *Rhodococcus* sp. PBTS1 e PBTS2 podem produzir citocininas, auxinas e voláteis que estimulam o crescimento das plantas com impactos significativos no desenvolvimento das plantas (Vereecke et al., 2020). *Rhodococcus* sp. Fp2 não promoveu o crescimento da ervilha em solo suplementado com Cd porque não continha atividade de 1-aminociclopropano-1-carboxilato desaminase (ACCD) in vitro na presença de Cd (Safronova et al., 2006). Propriedades promotoras de crescimento de plantas encontradas após o isolamento de *Rhodococcus qingshengii* RL1 de folhas esterilizadas de superfície de *Eurca sativa* Mill. (Kuhl et al., 2019).

Conclusão

A quitina e o quitosano são compostos naturais biodegradáveis e não tóxicos que ganharam uma atenção notável devido à sua contribuição efectiva para aumentar o rendimento e a sustentabilidade agroambiental. O quitosano pode ser utilizado no sistema de defesa das plantas contra condições de stress biológico e ambiental, o promotor de crescimento adequado das plantas contra agentes patogénicos e no combate ao stress abiótico, aumenta a resistência estomática e reduz a transpiração, o melhor canadidato como material de revestimento de sementes, um agente antifúngico, um material antiviral para controlar doenças virais nas plantas, o material eficaz para promover microrganismos quitinolíticos, uma grande capacidade de prolongar o tempo de armazenamento e o tratamento pós-colheita, enormes benefícios como transportador de nutrientes para prevenir a lixiviação e melhorar as caraterísticas de libertação lenta dos fertilizantes, moléculas bioremediadoras e condicionador do solo, um candidato notável para remover metais pesados catiónicos e aniónicos e tratamento de águas residuais. A quitina tem também muitas vantagens, tais como a promoção do crescimento das plantas, a nutrição das plantas, a capacidade de alterar e melhorar a resistência das plantas ao stress abiótico, aumentar a defesa das plantas, ter uma enorme eficácia contra insectos, pragas e netamotídeos e ser um candidato adequado para o tratamento de agentes patogénicos fúngicos. Alguns dos fungos mais importantes com enormes benefícios como bioestimulantes são *Glomus intraradices*, *Trichoderma atroviride*, *Trichoderma reesei* e *Heteroconium chaetospira*. As principais interações *Trichoderma-Plantas* consistem nos seus impactos na morfologia da planta, impactos na fisiologia da planta, influências na absorção e solubilização de nutrientes, melhoria do rendimento, tolerância ao stress abiótico e indução de resistência a doenças. A inoculação de *Trichoderma reesei* e *Heteroconium chaetospira* e a sua interação simbiótica com muitas plantas aumentaram o crescimento e reforçaram as plantas hospedeiras contra os efeitos adversos da salinidade. As espécies de *Arthrobacter*, Gram positivas, quimioorganotróficas e aeróbias obrigatórias podem aumentar os constituintes químicos, as actividades enzimáticas da superóxido dismutase e aumentar o crescimento e a germinação das plântulas. *Acinetobacter* spp. são *cocobacilos* gram-negativos, não móveis, aeróbios, oxidase negativos, sem capacidade de fermentação da glucose, que podem aumentar o rendimento e os atributos de rendimento de muitas culturas. O género *Enterobacter* é um membro da família *Enterobacteriaceae* que é considerado um colonizador proficiente e um bioestimulante importante para aumentar o rendimento, a saúde e o crescimento das plântulas, a produtividade e a rentabilidade dos elementos. *Pseudomonas* spp. podem colonizar o tecido vegetal ou o interior das raízes, o que pode diminuir os efeitos negativos das tensões ambientais e melhorar o rendimento e a qualidade das culturas. *Ochrobactrum* spp. pertence à família *Brucellaceae* e é um agente promissor para a bioconversão de oxianião tóxico, incluindo telurito e selenito, um substituto adequado para a utilização de pesticidas e fertilizantes químicos, e melhora o rendimento e os atributos de rendimento de muitas plantas, bem como aumenta a absorção de azoto. Várias espécies de *Bacillus* foram introduzidas como bactérias promotoras do crescimento das plantas, uma vez que podem suprimir os agentes patogénicos e aumentar o crescimento das plantas. Os impactos benéficos mais importantes de *B. subtilis* são a melhoria da disponibilidade de nutrientes, a alteração da homeostase das hormonas de crescimento das plantas e a melhoria do stress abiótico. O género *Rhodococcus* é uma bactéria aeróbica, Gram-positiva e não esporulada, pertencente ao filo *Actinobacteria*, que tem importância agrícola, biotecnológica e ecológica.

Contribuições dos autores: W.S.: preparação do rascunho original e edição; M.H.S.: preparação do rascunho original e edição; M.K: preparação do rascunho original. Todos os autores leram e concordaram com a versão publicada do manuscrito.

Financiamento: Esta investigação foi financiada pela Fundação de Ciências Naturais de Pequim, China (Subvenção n.º M21026). Esta investigação foi também apoiada pelo Programa Nacional de I&D da China (subvenção de investigação 2019YFA0904700).

Declaração do Conselho de Revisão Institucional: Não aplicável.

Declaração de consentimento informado: Não aplicável.

Declaração de disponibilidade de dados: Não aplicável.

Conflitos de interesse: Os autores declaram não haver conflito de interesses.

Referências

1. Abbas, S., Javed, M. T., Shahid, M., Hussain, I., Haider, M. Z., Chaudhary, H. J., Tanwir, K., e Maqsood, A. 2020. A inoculação de *Acinetobacter* sp. SG-5 alivia a toxicidade do cádmio em cultivares de milho diferencialmente tolerantes ao Cd, conforme decifrado por atributos físico-bioquímicos aprimorados, antioxidantes e fisiologia de nutrientes. Fisiologia e Bioquímica de Plantas. 155: 815-827.
2. Abdel-Fattah, G. M., e Mohamedin, A. H. 2000. Interações entre um fungo micorrízico vesicular-arbuscular (*Glomus intraradices*) e *Streptomyces colelicolor* e os seus efeitos em plantas de sorgo cultivadas em solo alterado com quitina de escamas de brawn. Biol Fertil Solos. 32: 401-409.
3. Abeer, H., Abd-Allah, E. F., Al-Qarawi, A. A., Al-Huqail Asma, A., Alishalawi, S. R. M., Wirth, S., e Dilfuza, E. 2015. Impacto do crescimento da planta promovendo *Bacillus subtilis* no crescimento e parâmetros fisiológicos de *Bassia Indica* (Indian Bassia) cultivada sob estresse salino. Jornal de Botânica do Paquistão. 47(5): 1735-1741.
4. Abiala, M. A., e Odebode, A. C. 2015. *Enterobacter* rizosférico melhorou a saúde e o crescimento das mudas de milho. Ciência e Tecnologia de Biocontrolo. 25(4): 359-372.
5. Abraham, J., e Silambarasan, S. 2016. Biodegradação de clorpirifós e seu produto de hidrólise 3,5,6-tricloro-2-piridinol usando uma nova bactéria *Ochrobactrum* sp. JAS2: Uma proposta de sua via metabólica. Pesticide Biochemistry and Physiology. 126: 13-21.
6. Abraham, J., e Silambarasan, S. 2018. Biodegradação de carbendazim por *Rhodococcus erythropolis* e suas caraterísticas promotoras de crescimento vegetal. Actas de Biologia e Ambiente da Academia Real Irlandesa. 118B(2): 69-80.
7. Adhikari, T. B., Joseph, C. M., Yang, G. P., Phillips, D. A., e Nelson, L. M. 2001. Evaluation of bacteria isolated from rice for plant growth promotion and biological control of seedling disease of rice. Can J Microbiol. 47: 916-924.
8. Adhikary, A., Kumar, R., Pandir, R., Bhardwaj, P., Wusirika, R., e Kumar, S. 2019. *Pseudomonas citronellolis*; um promotor de crescimento de plantas resistente a vários metais e potencial contra o estresse de arsênico (V) no grão-de-bico. Fisiologia e Bioquímica das Plantas. 142: 179-192.
9. Adriano-Anays, M. L., Salvador-Figueroa, M., Ocampo, J. A., e Garcia-Romera, I. 2006. Actividades de enzimas hidrolíticas em raízes de milho (*Zea mays*) e sorgo (*Sorghum bicolor*) inoculadas com *Gluconacetobacter diazotrophicus* e *Glomus intraradices*. Biologia e Bioquímica do Solo. 38(5): 879-886.
10. Afzal, A., Saleem, S., Iqbal, Z., Jan, G., Malik, M. F. A., e Asad, S. A. 2014. Interação de *Rhizobium* e *Pseudomonas* com trigo (*Triticum aestivum* L.) em solo em vaso com ou sem P O_{25} . Journal of Plant Nutrition. 37(13): 2144-2156.

11. Ahmad, T., Khan, R., e Khattak, T. N. 2018. Efeito dos fertilizantes líquidos e foliares à base de ácido húmico e ácido fúlvico no rendimento da cultura do trigo. Jornal de Nutrição Vegetal. 41(19): 2438-2445.
12. Ahmed, T., Ren, H., Noman, M., Shahid, M., Liu, M., Ali, Md. A., Zhang, J., Tian, Y., Qi, X., e Li, B. 2021. Síntese verde e caraterização de nanopartículas de óxido de zircônio usando um *Enterobacter* sp. nativo e sua atividade antifúngica contra o patógeno da doença da praga do galho da bayberry *Pestalotiopsis versicolor*. NanoImpacto. 21: 100281.
13. Akhtar, M. S., e Siddiqui, Z. A. 2008. Biocontrolo de um complexo de doenças da podridão radicular do grão-de-bico por *Glomus intraradices*, *Rhizobium* sp. e *Pseudomonas straita*. Proteção das culturas. 27(3-5): 410-417.
14. Akinrinlola, R. J., Yuen, G. Y., Drijber, R. A., e Adesemoye, A. O. 2018. Avaliação de estirpes *de Bacillus* para promoção do crescimento de plantas e eficácia de previsibilidade por caraterísticas fisiológicas *in vitro*. Revista Internacional de Microbiologia. 2018(53):1-11.
15. Albertsen, A., Ravnskov, S., Green, H., Jensen, D. F., e Larsen, J. 2006. Interações entre o micélio externo do fungo micorrízico *Glomus intraradices* e outros microrganismos do solo afectados pela matéria orgânica. Soil Biology and Biochemistry. 38(5): 1008-1014.
16. Alina, S. P., Constantinscu, F., e Petruta, C. C. 2015. Biodiversidade do grupo *Bacillus subtilis* e caraterísticas benéficas de espécies de Bacillus úteis na proteção de plantas. Cartas Biotecnológicas Romenas. 20(5): 10737-10750.
17. Allard-Massicotte, R., Tessier, L., lecuyer, F., Lakshmanan, V., Lucier, J.-F., Garneau, D., Gaudwell, L., Vlamakis, H., Bais, H. P., e Beauregard, P. B. 2016. A colonização precoce de raízes de *Arabidopsis thaliana por Bacillus subtilis* envolve múltiplos receptores de quimiotaxia. mBio. 7(6):e01664-16.
18. Almasaudi, S. B. 2018. *Acinetobacter* spp. como agentes patogénicos nosocomiais: Epidemiologia e caraterísticas de resistência. Jornal Saudita de Ciências Biológicas. 25: 586-596.
19. Almoneafy, A. A., Xie, G. L., Tian, W. X., Xu, L. H., Zhang, G. Q., e Ibrahim, M. 2012. Caracterização e avaliação de isolados *de Bacillus* quanto ao seu potencial de crescimento vegetal e actividades de biocontrolo contra a murcha bacteriana do tomateiro. Jornal Africano de Biotecnologia. 11(28): 7193-7201.
20. Alonso, C. A., Kwabugge, Y. A., Anyanwu, M. U., Torres, C., e Chah, K. F. 2017. Diversidade de espécies de *Ochrobactrum* em animais de alimentação, fenótipos de resistência a antibióticos e polimorfismos no gene bla_{OCH} . FEMS Microbiology Letters. 364(17): 1-7.
21. Aloo, B. N., Makumba, B. A., e Mbegaa, E. R. 2019. O potencial das rizobactérias *Bacilli* para a produção sustentável de culturas e sustentabilidade ambiental. Microbiol Res. 219: 26-39.
22. Al-Sman, M., Abo-Elyousr, K. A. M., Eraky, A., e El-Zawahry, A. 2019. Eficiência da formulação baseada em *Pseudomonas* spp. para controlar

a doença da podridão radicular do cominho preto em condições de estufa e campo. Arquivos de Fitopatologia e Proteção de Plantas. 15(19-20): 1313-1325.

23. Alymanesh, M. R., Taheri, P., e Tarighi, S. 2016. *Pseudomonas* como uma bactéria quorum quenching frequente e importante com capacidade de biocontrolo contra muitos fitopatógenos. Ciência e Tecnologia de Biocontrolo. 26(12): 1719-1735.
24. Amijee, F., Allans, E. J., Waterhouse, R. N., Glover, L. A., e Paton, A. M. 1992. Associação não patogénica de bactérias da forma L (*Pseudomonas syringae* pv. *phaseolicola*) com plantas de feijão (*Phaseolus vulgaris* L.) e o seu potencial para o biocontrolo da doença do míldio. Ciência e Tecnologia do Biocontrolo. 2(3): 203-214.
25. Amna, Masood, S., Syed, J. H., Munis, M. F. H., e Chaudhary, H. J. 2015. Fito-extração de níquel por *Linum usitatissimum* em associação com *Glomus intraradices*. Jornal Internacional de Fitorremediação. 17(10): 981-987.
26. Andreolli, M., Zapparoli, G., Angelini, E., Lucchetta, G., Lampis, S., e Vallini, G. 2019. *Pseudomonas protegens* MP12: Uma bactéria endofítica promotora do crescimento de plantas com atividade antifúngica de amplo espetro contra fitopatógenos da videira. 219: 123-131.
27. Anuroopa, N., e Bagyaraj, D. J. 2017. A inoculação com consórcios microbianos selecionados aumentou o crescimento e o rendimento de *Withania somnifera* em condições de polyhouse. Imp J Interdiscip Res. 3: 127-133.
28. Arellano, A. D. V., Sa Silva, G. M., Guatimosim, E., Dorneles, K. D. R., Moreira, L. G., e Dallagnol, L. J. 2021. Sementes revestidas com *Trichoderma atroviride* e solo corrigido com silício melhoram a ressitência de *Lolium multiflorum* contra *Pyricularia oryzae*. Biological Control. 154: 104499.
29. Arkhipova, T. N., Veselov, S. U., Melentiev, A. I., Martynenko, E. V., e Kudoyarova, G. R. 2005. Capacidade da bactéria *Bacillus subtilis* de produzir citocininas e de influenciar o crescimento e o teor de hormonas endógenas das plantas de alface. Plant Soil. 272: 201-209.
30. Arshad, M., Shaharoona, B., e Mahmood, T. 2008. A inoculação com *Pseudomonas* spp. contendo ACC-deaminase elimina parcialmente os efeitos do stress da seca no crescimento, rendimento e maturação da ervilha (*Pisum sativum* L.). Pedosfera. 18(5): 611-620.
31. Asari, S., Tarkowska, D., Rolcik, J., Novak, O., Palmero, D. V., Bejai, S., Bejai, S, e Meijer, J. 2017. Análise das propriedades promotoras de crescimento vegetal de *Bacillus amyloliquefaciens* UCMB5113 usando *Arabidopsis thaliana* como planta hospedeira. Planta. 245: 15-30.
32. Aujoulat, F., Pages, S., Masnou, A., Emboule, L., Teyssier, C., Marchandin, H., Gaudriault, S., Givaudan, A., e Jumas-Bilak, E. 2019. A estrutura populacional de *Ochrobactrum* isolada de nematóides entomopatogênicos indica interações com o sistema simbiótico. Infeção, Genética e Evolução. 70: 131-139.

33. Awasthi, A., Bharti, N., Nair, P., Singh, R., Shukla, A., Gupta, M., Darokar, M., e Kalra, A. 2011. Synergistic effect of *Glomus mosseae* and nitrogen fixing *Bacillus subtilis* strain Daz26 on artemisin content in *Artemisia annua* L. Appl Soil Ecol. 49: 125-130.
34. Bae, S.-J., Mohanta, T. K., Chung, J. Y., Ryu, M., Park, G., Shim, S., Hong, S.-B., Seo, H., Bae, D.-W., Bae, I., Kim, J.-J., e Bae, H. 2016. Metabolitos *de Trichoderma* como agentes de controlo biológico contra agentes patogénicos *de Phytophthora*. Biological Control. 92: 128-138.
35. Bago, B., Azcon-Aguilar, C., e Piche, Y. 1998. Arquitetura e dinâmica de desenvolvimento do micélio externo do fungo micorrízico arbuscular *Glomus intraradices* cultivado em condições monoxénicas. Mycologia. 90(1): 52-62.
36. Bahadir, P. S., Liaqat, F., e Eltem, R. 2018. Propriedades promotoras do crescimento vegetal de espécies *de Bacillus* solubilizadoras de fosfato isoladas da região do Egeu da Turquia. Turk J Bot. 42: 1-14.
37. Bahonar, A., Mehrafarin, A., Abdousi, V., Radmanesh, E., Moghadam, L., e Naghdi Badi, H. 2016. Alterações quantitativas e qualitativas do alecrim (*Rosemarinus officinalis* L.) em resposta à inoculação de fungos micorrízicos (*Glomus intraradices*) em ambientes salinos. Journal of Medicinal Plants. 15(57): 25-37.
38. Bais, H. P., Fall, R., e Vivanco, J. M. 2004. O biocontrolo de *Bacillus subtilis* contra a infeção de raízes de Arabidopsis por *Pseudomonas syringae* é facilitado pela formação de biofilme e pela produção de surfactina. Plant Physiol. 134: 307-319.
39. Bala, M., Kumar, S., Raghava, G. P., e Mayilraj, S. 2013. Projeto de sequência do genoma da estirpe BKS 20-40 de *Rhodococcus qingshengii*. Genome Announc. 1: e00128-13.
40. Banerjee, S., Palit, R., Sengupta, C., e Standing, D. 2010. Stress induced phosphate solubilization by *Arthrobacter* sp. and *Bacillus* sp. isolated from tomato rhizosphere. Asutralian Journal of Crop Science. 4(6): 378-383.
41. Bargabus, R. L., Zidack, N. K., Sherwood, J. E., e Jacobsen, B. J. 2002. Characterization of systemic resistance in sugar beet elicited by a non-pathogenic, phyllosphere-colonizing *Bacillus mycoides*, biological control agent. Physiol Mol Plant Pathol. 61: 289-298.
42. Bargabus, R. L., Zidack, N. K., Sherwood, J. E., e Jacobsen, B. J. 2004. Rastreio para a identificação de potenciais agentes de controlo biológico que induzem resistência sistémica adquirida na beterraba sacarina. Biological Control. 30: 342-350.
43. Bell, C. R., Dickie, G. A., e Chan, J. W. Y. F. 1995. Variable response of bacteria isolated from grapevine xylem to control grape crown gal disease in planta. Am J Enol Vit. 46: 499-508.
44. Bendaha, M. E. A., e Belaouni, H. A. 2020. Efeito da planta endofítica que promove o crescimento de Enterobacter ludwigii EB4B no crescimento do tomate. Hellenic Plant Protection Journal. 13: 54-65.
45. Benoit, T., Cloutier, M., Schop, R., Lowerison, M. W., e Khan, I. U. H. 2020. Avaliação comparativa de meios de crescimento e condições de

incubação para melhorar a recuperação e o isolamento de *Acinetobacter baumannii* de matrizes aquáticas. Journal of Microbiological Methods. 176: 106023.
46. Benyahia, F. B., Kthiri, Z., Hamada, W., e Boureghda, H. 2020. *Trichoderma atroviride* infunde marcadores bioquímicos associados à resistência a *Fusarium culmorum*, o principal agente patogénico da podridão da coroa do trigo na Argélia. Ciência e Tecnologia do Biocontrolo. DOI: 10.1080/09583157.2020.1853676
47. Berini, F., Katz, C., Gruzdev, N., Casartelli, M., Tettamanti, G., e Marinelli, F. 2018. Quitinases microbianas e virais: Biopesticidas atraentes para o manejo integrado de pragas. Biotechnol Adv. 36: 818-838.
48. Beris, D., Theologidis, I., Skandalis, N., e Vassilakos, N. 2018. *Bacillus amyloliquefaciens* MBI600 induz resistência dependente de ácido salicílico em plantas de tomate contra o vírus da murcha manchada de tomate e o vírus Y da batata. Sci Rep. 8: 10320.
49. Betoudji, F., El Rahman, T. A., Miller, M. J., Ghosh, M., Jacques, M., Bouarab, K., e Malouin, F. 2020. Um análogo sideróforo da fimsbactina de *Acinetobacter* impede o crescimento do fitopatógeno Pseudomonas syringae e induz a preparação sistêmica da imunidade em *Arabidopsis thaliana*. Pathogens. 9(806): 1-12.
50. Bezza, F. A., Beukes, M., e Chirwa, E. M. N. 2015. Aplicação de biossurfactante produzido por *Ochrobactrum intermedium* CN3 para melhorar a biorremediação de lamas de petróleo. Bioquímica de Processos. 50(11); 1911-1922.
51. Bharti, N., Barnawal, D., Wasnik, K., Tewari, S. K., e Kalra, A. 2016. A co-inoculação de *Dietzia natronolimnaea* e *Glomus intraradices* com vermicopost influencia positivamente o crescimento de *Ocimum basilicum* e a estrutura da comunidade microbiana residente em solos de baixa fertilidade afectados pelo sal. Applied Soil Ecology. 100: 211-225.
52. Bharti, N., Barnawal, D., Shukla, S., Tewari, S. K., Katiyar, R. S., e Kalra, A. 2016. A aplicação integrada de *Exiguobacterium oxidotolerans*, *Glomus fasciculatum* e vermicomposto melhora o crescimento, o rendimento e a qualidade de *Mentha arvensis* em solos com stress salino. Industrial Crops and Products. 83: 717-728.
53. Bhattacharya, A., Naik, S. N., e Khare, S. K. 2019. Eficácia da precipitação de calcita mediada por *Enterobacter cloacae* EMB19 ureolítica na remediação de Zn (II). Jornal de Ciência e Saúde Ambiental, Parte A. 54(6): 536-542.
54. Bidondo, L. F., Silvani, V., Colombo, R., Pergola, M., Bompadre, J., e Godeas, A. 2011. Interações pré-simbióticas e simbióticas entre *Glomus intraradices* e duas espécies de *Paenibacillus* isoladas de propágulos de AM. Ensaios *in vitro* e *in vivo* com soja (AG043RG) como planta hospedeira. Biologia e Bioquímica do Solo. 43(9): 1866-1872.
55. Bidondo, L. F., Bompadre, K., Pergola, M., Silvani, V., Colombo, R., Bracamonte, F., e Godeas, A. 2012. Interação diferencial entre duas estirpes *de Glomus intraradices* e uma bactéria solubilizadora de fosfato

na rizosfera do milho. Pedobiologia. 55(4): 227-232.

56. Blake, C., Christensen, M. N., e Kovacs, A. T. 2021. Aspectos moleculares da promoção e proteção do crescimento vegetal por *Bacillus subtilis*. Molecular Plant-Microbe Interactions. 34(1): 15-25.
57. Blaszczyk, L., Siwulski, M., Sobieralski, K., Lisiecka, J., e Jedryczka, M. 2014. *Trichoderma* spp. - aplicação e perspectivas de utilização na agricultura biológica e na indústria. Journal of Plant Protection Research. 54(4): 309-317.
58. Blaszczyk, L., Basinska-Barczak, A., Cwiek-Kupczynska, H., Gromadzka, K., Popiel, D., e Stepien, L. 2017. Efeito supressivo de *Trichoderma* spp. em espécies toxigénicas *de Fusarium*. Jornal Polaco de Microbiologia. 66(1): 85-100.
59. Brust, F. R., Boff, L., Trentin, D. D. S., Rozales, F. P., Barth, A. L., e Macedo, A. J. 2019. Macrocolônia de *Enterobacter hormaechei* subsp. oharae produtora de NDM-1 gera subpopulações com diferentes caraterísticas quanto à resposta de agentes antimicrobianos e formação de biofilme. Pathogens. 8(49): 1-16.
60. Bunbury-Blanchette, A. L., e Walker, A. K. 2019. As espécies *de Trichoderma* mostram potencial de biocontrole em bioensaios de cultura dupla e estufa contra a podridão basal de cebola de Fusarium. Controlo Biológico. 130: 127-135.
61. Caamano-Antelo, S., Fernandez-No, I. C., Bohme, K., Ezzat-Alnakip, M., Quintela-Baluja, M., Barros-Velazquez, J., e Calo-Mata, P. 2015. Discriminação genética de Bacillus spp. patogénicos e de deterioração de origem alimentar com base em três genes de manutenção. Food Microbiology. 46: 288-298.
62. Cacciari, I., e Lippi, D. 1987. Arthrobacters: bactérias de sucesso em solos áridos: Uma revisão. Arid Soil Research and Rehabilitation. 1(1): 1-30.
63. Cao, L., Jiang, M., Zing, Z., Du, A., Tan, H., e Liu, Y. 2008. *Trichoderma atroviride* F6 melhora a eficiência de fitoextracção da mostarda (*Brassica juncea* (L.) Coss. Var. *foliosa* Bailey) em solos contaminados com Cd e Ni. Chemosphere. 71(9): 1769-1773.
64. Cao, D., He, S., Li, X., Shi, L., Wang, F., Yu, S., Xu, S., Ju, C., Fang, H., e Yu, Y. 2021. Caracterização, análise funcional do genoma e desintoxicação de atrazina por *Arthrobacter* sp. C2. Chemosphere. 264(2): 128514.
65. Carretero, C. L., Cantos, M., Garcia, J. L., Azcon, R., e Troncoso, A. 2009. Respostas de crescimento de clones de mandioca micropropagados afetadas pela colonização de *Glomus Intraradices*. Journal of Plant Nutrition. 32(2): 261-273.
66. Caruso, T., Mafrica, R., Bruno, M., Vescio, R., e Sorgona, A. 2021. Caraterísticas arquitetônicas da raiz de estacas enraizadas de duas cultivares de figo: Tratamentos com formulação de fungos micorrízicos arbusculares. Scientia Horticulturae. 283: 110083.
67. Castillo, O. S., Dasgupta-Schubert, N., Alvarado, C. J., Zaragoza, E. M., e Villegas, H. J. 2011. O efeito da simbiose entre *Tagetes erecta* L.

(calêndula) e *Glomus intraradices* na absorção de cobre (II) e suas implicações para a fitorremediação. Nova Biotecnologia. 29(1): 156-164.

68. Cazorla, F. M., Romero, D., Perez-Garcia, A., Lugtenberg, B. J. J., Vicente, Ad., e Bloemberg, G. 2007. Isolamento e caraterização de estirpes antagonistas *de Bacillus subtilis* do rizoplano do abacate com atividade de biocontrolo. J Appl Microbiol. 103: 1950-1959.
69. Cereijo, A. E., Kuhn, M. L., Hernandez, M. A., Ballicora, M. A., Iglesias, A. A., Alvarez, H. M., e Diez, A. 2021. Estudo de genes *galU* duplicados em *Rhodococcus jostii* e um novo nó metabólico putativo para glucosamina-1P em rodococos. Biochimica et Biophysica Ata (BBA)-Assuntos Gerais. 1865(1): 129727.
70. Cesaro, P., van Tuinen, D., Copetta, A., Chatagnier, O., Berta, G., Gianinazzi, S., e Lingua, G. 2008. Colonização preferencial de raízes de *Solanum tuberosum* L. pelo fungo *Glomus intraradices* em solo arável de uma área de cultivo de batata. Microbiologia Aplicada e Ambiental. 74(18): 5776-5783.
71. Chandra, D., Srivastava, R., Glick, B. R., e Sharma, A. K. 2018. Pseudomonas spp. tolerantes à seca melhoram o desempenho de crescimento do milheto (*Eleusine coracana* (L.) Gaertn.) sob condições não estressadas e estressadas pela seca. Pedosphere. 28(2): 227-240.
72. Chen, F., Wang, M., Zheng, Y., Luo, J., Yang, X., e Wang, X. 2010. Alterações quantitativas das enzimas de defesa das plantas e da fito-hormona no biocontrolo da murcha de Fusarium do pepino por *Bacillus subtilis* B579. World J Microbiol Biotechnol. 26: 675-684.
73. Cheng, Y., Xie, Y., Zheng, J., Wu, Z., Chen, Z., Ma, X., Li, B., e Lin, Z. 2009. Identificação e caraterização da proteína que responde ao crómio (VI) de um *Ochrobactrum anthropi* CTS-325 recentemente isolado. Journal of Environmental Sciences. 21(22): 1673-1678.
74. Choi, H. K., Song, G. C., Yi, H. S., e Ryu, C. M. 2014. Avaliação de campo do derivado volátil bacteriano 3-pentanol em priming para resistência induzida em pimenta. J Chem Ecol. 40: 882-892.
75. Chu, T. N., Tran, B. T. H., Bui, L. V., e Hoang, M. T. T. 2019. A rizobactéria promotora de crescimento de plantas Pseudomonas PS01 induz tolerância ao sal em *Arabidopsis thaliana*. Notas de Pesquisa BMC. 12(11): 1-7.
76. Colla, G., Rouphael, Y., Di Mattia, E., El-Nakhel, C., e Cardaelli, M. 2014. A co-inoculação de *Glomus intraradices* e *Trichoderma atroviride* actua como um bioestimulante para promover o crescimento, o rendimento e a absorção de nutrientes das culturas hortícolas. Journal of the Science of Food and Agriculture. 95(8): 1-10.
77. Comi, G., e Cantoni, C. 2011. Bactérias *psicrotróficas/Arthrobacter* spp. 2011. Enciclopédia de Ciências do Leite (Segunda Edição). 372-378.
78. Contreras-Cornejo, H. A., Del-Val, Ek., Macias-Rodriguez, L., Alarcon, A., Gonzalez-Esquivel, C. E., e Larsen, J. 2018. *Trichoderma atroviride*, um fungo associado à raiz do milho, aumenta a taxa de parasitismo do verme do outono *Spodoptera frugiperda* por seu inimigo natural

Campoletis sonorensis. Soil Biology and Biochemistry. 122: 196-202.
79. Daniela Novoa, M., Soledad Palma, S., e Hernan Gaete, O. 2010. Efeito da inoculação de fungos micorrízicos arbusculares *Glomus* spp. em solos de crescimento de alfafa com cobre. Revista Chilena de Investigação Agrícola. 70(2): 259-265.
80. Datnoff, L. E., Nemec, S., e Pernezny, K. 1995. Biological control of fusarium crown and root rot of tomato in Florida using *Trichoderma harzianum* and *Glomus intraradices*. Biological Control. 5(3): 427-431.
81. De Lima, F. B., Felix, C., Osorio, N., Alves, A., Vitorino, R., Domingues, P., Correira, A., Ribeiro, R. T. D. S., e Esteves, A. C. 2016. Análise do secretoma de *Trichoderma atroviride* T17 no biocontrolo de *Guignardia citricarpa*. Controlo Biológico. 99: 38-46.
82. Desai, S., Bagyaraj, D. J., e Ashwin, R. 2019. A inoculação com consórcio microbiano promove o crescimento de mudas de tomate e capsicum criadas em retratos. Proc Natl Acad Sci India Sect B Biol Sci. DOI: 10.1007/s40011-019-01078w
83. Deshwal, V. K., e Kumar, P. 2013. Atividade promotora do crescimento vegetal de *Pseudomonads* na cultura do arroz. Revista Internacional de Microbiologia Atual e Ciências Aplicadas. 2(11): 152-157.
84. De Souza, R., Meyer, J., Schoenfeld, R., da Costa, P. B., e Passaglia, L. M. P. 2015. Caracterização de bactérias promotoras de crescimento vegetal associadas ao arroz cultivado em solos com estresse de ferro. Ann Microbiol. 65: 951-964.
85. Dey, S., e Paul, A. K. 2018. Influência de íons metálicos na formação de biofilme por *Arthrobacter* sp. SUK 1205 e avaliação de sua eficácia na remoção de Cr (VI). Biodeterioração Internacional e Biodegradação. 132: 122-131.
86. Dhaouadi, S., Mougou, A., Wu, C. J., Gleason, M. L., e Rhouma, A. 2020. Análise da sequência dos genes 16S rDNA, *gyr* B e *alk* B de espécies *de Rhodococcus* associadas a plantas da Tunísia. International Journal of Systematic and Evolutionary Microbiology. 70(12): 6491-6507.
87. Dhaouadi, S., Hamdane, A. M., e Rhouma, A. 2021. Isolamento e caraterização de *Rhodococcus* spp. de porta-enxertos e árvores de pistácio e amêndoa na Tunísia. Agronomia. 11(355): 1-17.
88. Dheeman, S., Baliyan, N., Dubey, R. C., Maheshwari, D. K., Kumar, S., e Chen, L. 2020. Efeitos combinados de *Bacillus* rizosférico e não rizosférico competitivos na promoção do crescimento das plantas e melhoria do rendimento de *Eleusine coracana* (Ragi). Canadian Journal of Microbiology. 66(2): 111-124.
89. Diaz, P. A. E., Barão, N. C., e Rigobelo, E. C. 2019. *Bacillus* spp. como bactérias promotoras do crescimento de plantas em algodão em condições de estufa. Australian Journal of Crop Science. 13(12): 2003-2014.
90. Ding, X., Peng, X. J., Jin, B. S., Xiao, M., Chen, J. K., Li, B., e Nie, M. 2015. Distribuição espacial de comunidades bacterianas impulsionadas por múltiplos factores ambientais numa zona húmida de praia do maior

lago de água doce da China. Front Microbiol. 6: 129.

91. Dudhane, M., Borde, M., e Jite, P. K. 2012. Efeito da toxicidade do alumínio nas respostas de crescimento e atividades antioxidantes em *Gmelina arborea* Roxb. inoculado com fungos am. Jornal Internacional de Fitorremediação. 14(7): 643-655.
92. Duponnois, R., Colombet, A., Hien, V., e Thioulouse, J. 2005. O fungo micorrízico *Glomus intraradices* e a emenda de fosfato de rocha influenciam o crescimento das plantas e a atividade microbiana na rhisozphere de *Acacia holosericea*. Soil Biology and Biochemistry. 37: 1460-1468.
93. Dutra, P. V., Abad, M., Almela, V., e Agusti, M. 1996. A interação da auxina com o fungo micorrízico vesicular-arbuscular *Glomus intraradices* Schneck & Smith melhora o crescimento vegetativo de dois porta-enxertos de citrinos. Scientia Horticulturae. 66(1-2): 77-83.
94. Eisenhauer, N., Konig, S., Sabais, A. C. W., Renker, C., Buscot, F., e Scheu, S. 2009. Os impactos das minhocas e dos fungos micorrízicos arbuscílicos (*Glomus intraradices*) no desempenho das plantas não estão inter-relacionados. Biologia e Bioquímica do Solo. 41(3): 561-567.
95. Eschbach, M., Mobitz, H., Rompf, A., e Jahn, D. 2003. Membros do género *Arthrobacter* cultivados anareobicamente utilizando amonificação de nitratos e processos fermentativos: adaptação anaeróbia de bactérias aeróbias abundantes no solo. FEMS Microbiology Letters. 223(2): 227-230.
96. Egusa, M., Parada, R. Y., Aklog, Y. F., Ifuku, S., e Kaminaka, H. 2019. A nanofibrilação aumenta o efeito protetor das cascas de caranguejo contra a doença da murcha *de Fusarium* no tomate. Jornal Internacional de Macromoléculas Biológicas. 128: 22-27.
97. Egusa, M., Matsukawa, S., Miura, C., Nakatani, S., Yamada, J., Endo, T., Ifuku, S., e Kaminaka, H. 2020. Melhorar a eficiência de absorção de nitrogênio pela nanofibra de quitina promove o crescimento do tomate. Jornal Internacional de Macromoléculas Biológicas. 151: 1322-1331.
98. Ehtesham Nia, A., Taghipour, S., e Siahmansour, S. 2021. A aplicação pré-colheita de quitosana e o revestimento pós-colheita de gel *de Aloe vera* melhoram a qualidade da uva de mesa (*Vitis vinifera* L. cv. Yaghouti) durante o período pós-colheita. Food Chemistry. 347: 129012.
99. Ekblad, A., Wallander, H., e Nasholm, T. 1998. Chitin and ergosterol combined to measure total and living fungal biomass in ectomycorrhizas. New Phytol 138: 143-149.
100. El-Aziz, M. E., Morsi, S. M. M., Salama, D. M., Abdel-Aziz, M. S., Elwahed, M. S. A., Shaaban, E. A., e Youssef, A. M. 2019. Preparação e caraterização de nanocompósitos de quitosana / ácido poliacrílico / cobre e seu impacto na produção de cebola. Jornal Internacional de Macromoléculas Biológicas. 123: 856-865.
101. El-Gamal, N. G., El-Mougy, N. S., Abdel-Kader, M. M., e Khalil, M. S. A. 2020. Influência de sais inorgânicos e quitosana como pulverização foliar na gravidade da doença da mancha foliar da septoria do trigo em condições de campo. Arquivos de Fitopatologia e Proteção

de Plantas. DOI: 10.1080/03235408.2020.1854971

102. El-Mohamedy, R. S. R., Shafeek, M. R., Abd El-Samad, E. E.-D. H., Salama, D. M., e Rizk, F. A. 2017. Aplicação em campo de indutores de resistência de plantas (PRIs) para controlar doenças importantes da podridão radicular e melhorar o crescimento e o rendimento do feijão verde (*Phaseolus vulgaris* L.). Aust J Crop Sci. 11: 496-505.

103. Elzaawely, A. A., Ahmed, M. E., Maswada, H. F., e Xuan, T. D. 2017. Aumento do crescimento, rendimento, conteúdo bioquímico e hormonal do feijão (*Phaseoulus vulgaris* L.) espalhado com extrato de folha de moringa. Arquivos de Agronomia e Ciência do Solo. 63(5): 687-699.

104. Escudero, N., Lopez-Moya, F., Ghahremani, Z., Zavala-Gonzalez, E. A., Alaguero-Cordovilla, A., Caridad Ros-Ibanez, C., Lacasa, A., Sorribas, F. J., e Lopez-Llorca, L. V. 2017. A quitosana aumenta a colonização da raiz do tomate por *Pochonia chlamydosporia* e sua combinação reduz os danos do nematoide das galhas. Front Plant Sci. 8.

105. Etemadi, S., Barhaghi, M. H. S., Leylabadlo, H. E., Memar, M. Y., Mohammadi, A. B., e Ghotaslou, R. 2021. O efeito sinérgico do extrato aquoso de cúrcuma e quitosana contra bactérias resistentes a vários medicamentos. Novos micróbios e novas infecções. DOI: 10.1016/j.nmni.2021.100861

106. Ehteshamul-Haque, S., Sultana, V., Ara, J., e Athar, M. 2007. Resposta da cultivar contra fungos que infectam as raízes e eficácia de *Pseudomonas aeruginosa* no controlo da podridão radicular da soja. Plant Biosystems-An International Journal Dealing with all Aspects of Plant Biology. 141(1): 51-55.

107. Elkoca, E., Kantar, F., e Sahin, F. 2007. Influência das bactérias fixadoras de azoto e solubilizadoras de fósforo na nodulação, crescimento das plantas e rendimento do grão-de-bico. J Plant Nutr. 31: 157-171.

108. Evelin, H., Giri, B., e Kapoor, R. 2012. Contribuição da inoculação de Glomus intraradices para a aquisição de nutrientes e mitigação do desequilíbrio iónico em *Trigonella foenum-graecum* com stress de NaCl. Mycorrhiza. 22: 203-217.

109. Fan, P., Chen, D., He, Y., Zhou, Q., Tian, Y., e Gao, L. 2016. Aliviando o estresse salino em mudas de tomate usando *Arthrobacter* e *Bacillus megaterium* isolados da rizosfera de plantas silvestres cultivadas em terras salino-alcalinas. International Journal of Phytoremediation. 18(11): 1113-1121.

110. Fan, Z., Qin, Y., Liu, S., Xing, R., Yu, H., Chen, X., Li, K., Li, R., Wang, X. e Li, P. 2019. A bioatividade de novos derivados de ditiocarbamato de oligossacarídeo de quitina avaliados contra a doença de nematóides (*Meloidogyne incognita*). Polímeros de carboidratos. 224: 115155.

111. Farouk, S., e El-Metwally, I. M. 2019. Respostas sinérgicas da cultura de trigo irrigada por gotejamento à quitosana e / ou silício sob

diferentes regimes de irrigação. Gestão da Água Agrícola. 226: 105807.
112. Feng, J., Zhao, L., e Yu, Q. 2004. Efeito estimulador mediado por recetor de oligochitosan em macrófagos. Biochemical and Biophysical Research Communications. 317(2): 414-420.
113. Feng, B., Chen, Y., Zhao, C., Zhao, X., Bai, X., e Du, Y. 2006. Isolamento de um novo gene da proteína quinase Ser/Thr do tabaco induzido por oligochitosan e seu papel na resistência contra o vírus do mosaico do tabaco. Plant Physiology and Biochemistry. 44(10): 596-603.
114. Farhat, A., Chouayekh, H., Farhat, M. B., Bouchaala, K., e Bejar, S. 2008. Clonagem de genes e caraterização da fitase termoestável de *Bacillus subtilis* US417 e avaliação do seu potencial como aditivo alimentar em comparação com uma enzima comercial. Mol Biotechnol. 40: 127.
115. Fatima, T., e Arora, N. K. 2021. *Pseudomonas entomophila* PE3 e seus exopolissacarídeos como bioestimulantes para aumentar o crescimento, o rendimento e as respostas de tolerância do girassol em condições salinas. Microbiological Research. 244: 126671.
116. Ferreira, N. C., Mazzuchelli, R. D. L. M., Pacheco, A. C., de Araujo, F. F., Antunes, J. E. L., e de Araujo, A. S. F. 2018. *Bacillus subtilis* melhora a tolerância do milho à salinidade. Ciencia Rural, Santa Maria. 48(8): 1-4.
117. Field, E. K., Blaskovich, J. P., Peyton, B. M., e Gerlach, R. 2018. Mecanismos de toxicidade de cromato dependentes de carbono em um isolado ambiental *de Arthrobacter*. Journal of Hazardous Materials. 355: 162-169.
118. Fira, D., Dimkic, I., Beric, T., Lozo, J., e Stankovic, S. 2018. Controle biológico de patógenos de plantas por espécies de *Bacillus*. J Biotechnol. 285: 44-55.
119. Flores, A. C., Luna, A. A. E., e Portugal, O. P. 2007. Aumento do rendimento e da qualidade de flores de calêndula por inoculação com *Bacillus subtilis* e *Glomus faciculatum*. J Sustain Agr. 31: 21-31.
120. Francis, I. M., Stes, E., Zhang, Y., Rangel, D., Audenaert, K., e Vereecke, D. 2016. Mineração do genoma de *Rhodococcus fascians*, uma bactéria promotora do crescimento de plantas que se extraviou. Nova Biotecnologia. 33(5): 706-717.
121. Freitas, M. A., Medeiros, F. H., Carvalho, S. P., Guilherme, L. R., Teixeira, W. D., Zhang, H., e Pare, P. W. 2015. Aumento da acumulação de ferro na mandioca pela bactéria benéfica do solo *Bacillus subtilis* (GBO3). Front Plant Sci. 6: 596.
122. Fries, L. L. M., Pacovsky, B. S., e Safir, G. R. 1996. Expressão de isoenzimas alteradas pela colonização de *Glomus intraradices* e pela aplicação de formononetina em raízes de milho (*Zea mays* L.). Soil Biology and Biochemistry. 28(8): 981-988.
123. Fuloria, A., Saraswat, S., e Rai, J. P. N. 2009. Effect of *Pseudomonas fluorescens* on metal phytoextraction from contaminated soil by *Brassica juncea*. Chemistry and Ecology. 25(6): 385-396.
124. Gallagher, P., e Baker, S. 2020. Desenvolvimento de novas

abordagens terapêuticas para o tratamento de infecções causadas por *Acinetobacter baumannii* multirresistente, *Acinetobacter baumannii* therapeutics. Journal of Infection. 81: 857-861.

125. Gamez, R., Cardinale, M., Montes, M., Ramirez, S., Schnell, S., e Rodriguez, F. 2019. Triagem, promoção do crescimento vegetal e padrão de colonização radicular de duas rizobactérias (*Pseudomonas fluorescens* Ps006 e *Bacillus amyloliquefaciens* Bs006) na banana cv. Williams (*Musa acuminate* Colla). Microbiological Research. 220: 12-20.

126. Gao, X., Zhou, Y., Zhu, X., Tang, H., Li, X., Jiang, Q., Wei, W., e Zhang, X. 2021. *Enterobacter cloacae*: Um provável agente etiológico associado ao crescimento lento do camarão gigante de água doce *Macrobrachium rosenbergii*. Aquaculture. 530: 735826.

127. Garcia-Lopez, A. M., e Delgado, A. 2016. Efeito do *Bacillus subtilis* na absorção de fósforo pelo pepino, afetado pelos óxidos de ferro e pela solubilidade da fonte de fósforo. Agric Food Sci. 25: 216-224.

128. Garcia-Gonzalez, T., Saenz-Hidalgo, H. K., Silva-Rojas, H. V., Morales-Nieto, C., Vancheva, T., Koebnik, R., e Avila-Quezada, G. D. A. 2018. *Enterobacter cloacae*, uma bactéria fitopatogênica emergente que afeta mudas de pimenta malagueta. The Plant Pathology Journal. 34(1): 1-10.

129. Getenga, Z., Dorfler, U., iwobi, A., Schmid, M., e Schroll, R. 2009. Mineralização de atrazina e terbutilazina por uma *Arthrobacter* sp. isolada de um solo cultivado com cana-de-açúcar no Quénia. Chemosphere. 77(4): 534-539.

130. Gohil, K., Rajput, V., e Dharne, M. 2020. A pan-genómica de espécies de *Ochrobactrum* de origem clínica e ambiental revela populações distintas e possíveis ligações. Genomics. 112(5): 3003-3012.

131. Goswami, D., Dhandhukia, P., Patel, P., e Thakker, J. N. 2014. Triagem de PGPR do deserto salino de Kutch: promoção do crescimento em *Arachis hypogea* por Bacillus licheniformis A2. Microbiol Res. 169: 66-75.

132. Gravel, V., Martinez, C., Antoun, H., e Tweddell, R. J. 2006. Controlo da podridão radicular do tomateiro em estufa (*Pythium ultimum*) em sistemas hidropónicos, utilizando microrganismos promotores do crescimento das plantas. Canadian Journal of Plant Pathology. 28(3): 475-483.

133. Guang-Can, T. A. O., Shu-Jun, T., Miao-Ying, C. A. I., e Guang-Hui, X. I. E. 2008. Capacidades de solubilização e mineralização de fosfato de bactérias isoladas de solos. Pedosphere. 18: 515-523.

134. Guerra, F. Q. S., Mendes, J. M., de Sousa, J. P., Morais-Braga, M. F. B., Santos, B. H. C., Coutinho, H. D. M., e Lima, E. D. O. 2012. Aumento da atividade antibiótica contra um Acinetobacter spp multirresistente por óleos essenciais de *Citrus limon* e *Cinnamomum zeylanicum*. Natural Product Research. 26(23): 2235-2238.

135. Guo, D.-J., Singh, R. K., Singh, P., Li, D. P., Sharma, A., Xing, Y.-X., Song, X.-P., Yang, L.-T., e Li, T.-R. 2020. Sequência completa do

genoma de *Enterobacter roggenkampii* ED5, uma bactéria endofítica promotora do crescimento de plantas fixadoras de nitrogênio com propriedades de biocontrole e tolerância a strss isoladas da raiz da cana-de-açúcar. Frontiers in Microbiology. 11: 580081.

136. Gupta, P., Kumar, V., Usmani, Z., Rani, R., Chandra, A., e Gupta, V. K. 2019. Uma avaliação comparativa do potencial de *Klebsiella* sp. e *Enterobacter* sp. na promoção do crescimento das plantas, tolerância ao estresse oxidativo e absorção de cromo em *Helianthus annuus* (L.). Journal of Hazardous Materials. 377: 391-398.

137. Gupta, V., Naresh Kumar, G., e Buch, A. 2020. A colonização por *Pseudomonas aeruginosa* P4 multipotencial estimula o crescimento do amendoim (*Arachis hypogaea* L.), a fisiologia de defesa e o funcionamento do sistema radicular para beneficiar a interface raiz-rizobactéria. Journal of Plant Physiology. 248: 153144.

138. Gupta, P., Kumar, V., Usmani, Z., Rani, R., Chandra, A., e Gupta, V. K. 2020. Implicações da promoção do crescimento das plantas *Klebsiella* sp. CPSB4 e *Enterobacter* sp. CPSB49 no crescimento luxuriante de plantas de tomate sob stress de crómio. Chemosphere. 240: 124944.

139. Habibi, S., Djedidi, S., Prongjunthuek, K., Mortuza, M. F., Ohkama-Ohtsu, N., Sekimoto, H., e Yokoyoma, T. 2014. Caracterização fisiológica e genética do fixador de nitrogênio do arroz PGPR isolado de solos da rizosfera de diferentes culturas. Solo vegetal. 379: 51-66.

140. Hahm, M. S., Sumayo, M., Hwang, Y. K., Jeon, S. A., Park, S. J., Lee, J. Y., Ahn, J. H., Kim, B. S., e Ghim, S.-Y. 2012. Controlo biológico e capacidade de promoção do crescimento vegetal de rizobactérias em pimenta em condições de estufa e de campo. J Microbiol. 50: 380-385.

141. Ham, M. S., Park, Y. M., Sung, H. R., Sumayo, M., Ryu, C. M., Park, S. H., e Ghim, S.-Y. 2009. Caracterização de shiozbacteria isoladas de plantas da família Solanaceae na ilha de Dokdo. Kor J Microbiol Biotechnol. 37: 110-117.

142. Harba, M., Jawhar, M., e Arabi, M. I. E. 2020. Atividade antagonista in vitro de diversas espécies de Bacillus contra os patógenos *Fusarium culmorum* e *F. solani*. The Open Agriculture Journal. 14: 157-163.

143. Hashem, A., Adb Allah, E. F., Alqarawi, A. A., Al-Huqail, A. A., e Shah, M. A. 2016. Indução da modulação da osmorregulação do stress salino em *Acacia gerrardii* Benth por fungos micorrízicos arbusculares e *Bacillus subtilis* (BERA 71). Biomed Res Int. DOI: 10.1155/2016/6294098

144. Hashem, A., Tabassum, B., e Abd-Allah, E. F. 2019. *Bacillus subtilis*: Uma rizobactéria promotora do crescimento de plantas que também afeta o estresse biótico. Jornal Saudita de Ciências Biológicas. 26: 1291-1297.

145. Hashiba, T., e Narisawa, K. 2005. O desenvolvimento e a natureza endofítica do fungo *Heteroconium chaetospira*. FEMS Microbiology Letters. 252(2): 191-196.

146. Hassan, M. N., Afghan, S., Hassan, Z., e Hafeez, F. Y. 2014. Atividade biopesticida de rizobactérias associadas à cana-de-açúcar: *Ochrobactrum intermedium* estirpe NH-5 e *Stenotrophomonas maltophilia* estirpe NH-300 contra a podridão vermelha em condições de campo. Phytopathologia Mediterranea. 53: 229-239.

147. Hatami, M., Khanizadeh, P., Bovand, F., e Aghaee, A. 2021. A preparação de sementes mediada por nanopartículas de silício e a inoculação de *Pseudomonas* spp. aumentam o crescimento, a fisiologia e o estado metabólico antioxidante em plantas *de Melissa officinalis* L. Culturas e produtos industriais. 162: 113238.

148. Hayat, R., Ali, S., Amara, U., Khalid, R., e Ahmed, I. 2010. Bactérias benéficas para o solo e o seu papel na promoção do crescimento das plantas: A review. Ann Microbiol. 60: 579-598.

149. Heidarian, A., Tohidi-Moghadam, H.-R., e Kasraie, P. 2017. Efeito de *Glomus intraradices* em caraterísticas fisiológicas e bioquímicas do trigo cultivado em solo contaminado com níquel. Comunicações em Ciência do Solo e Análise de Plantas. 48(15): 1804-1812.

150. Herdler, S., Kreuzer, K., Scheu, S., e Bonkowski, M. 2008. Interações entre fungos micorrízicos arbusculares (*Glomus intraradices*, Glomeromycota) e amebas (*Acanthamoeba castellanii*, Protozoa) na rizosfera do arroz (*Oryza sativa*). Biologia e Bioquímica do Solo. 40(3): 660-668.

151. Hernandez-Soberano, C., Ruiz-Herrera, L. F., e Valencia-Cantero, E. 2020. As bactérias endofíticas *Arthrobacter agilis* UMCV2 e *Bacillus methylotrophicus* M4-96 estimulam a germinação de aquênios, o crescimento *in vitro* e a produção em estufa de morango (*Fragaria* × *ananassa*). Scientia Horticulturae. 261: 109005.

152. Hinton, D. M., e Bacon, C. W. 1995. *Enterobacter cloacae* é um simbionte endofítico do milho. Mycopathologia. 129: 117-125.

153. Ho, M. T., Li, M. S. M., McDowell, T., MacDonald, J., e Yuan, Z.-C. 2020. Caracterização e análise genômica de uma bactéria degradadora de diesel, *Acinetobacter calcoaceticus* CA16, isolada do solo canadense. BMC Biotechnology. 20(39): 1-15.

154. Huang, Y., Mijiti, G., Wang, Z., Yu, W., Fan, H., Zhang, R., e Liu, Z. 2015. Análise funcional do gene da hidrofobina de classe II HFB-2 do agente de biocontrolo *Trichoderma asperellum* ACCC30536. Microbiological Research. 171: 8-20.

155. Ibarra-Galeana, J. A., Castro-Martinez, C., Fierro-Coronado, R. A., Armenta-Bojorquez, A. D., e Maldonado-Mendoza, I. E. 2017. Caracterização de bactérias solubilizadoras de fosfato que exibem o potencial de promoção do crescimento e melhoria da nutrição de fósforo no milho (*Zea mays* L.) em solos calcários de Sinaloa, México. Ann Microbiol. 67: 801-811.

156. Ibrahim, E. A., e Ramadan, W. A. 2015. Efeito da pulverização foliar de zinco sozinho e combinado com ácido húmico ou/e quitosano no crescimento, conteúdo de elementos nutritivos e rendimento de

plantas de feijão seco (*Phaseolus vulgaris* L.) semeadas em diferentes datas. Scientia Horticulturae. 184: 101-105.

157. Idris, E. E., Iglesias, D. J., Talon, M., e Borriss, R. 2007. A produção dependente de triptofano de ácido indol-3-acético (IAA) afecta o nível de promoção do crescimento das plantas por *Bacillus amyloliquefaciens* FZB42. Mol Plant Microbe Interact. 20: 619-626.

158. Iglesias, M. B., Abadias, M., Anguera, M., e Vinas, I. 2018. Eficácia de Pseudomonas graminis CPA-7 contra *Salmonella* spp. e *Listeria monocytogenes* em pera recém-cortada e estabelecimento das condições para sua aplicação comercial. Food Microbiology. 70: 103-112.

159. Ikram, M., Ali, N., Jan, G., Iqbal, A., Hamayun, M., Jan, F. G., Hussain, A., e Lee, I.-J. 2019. *Trichoderma reesei* melhorou o estado nutricional da cultura do trigo sob estresse salino. Jornal de Interações Vegetais. 14(1): 590-602.

160. Imran, A., Hafeez, F. Y., Fruhling, A., Schumann, P., Malik, K. A., e Stackebrandt, E. 2010. *Ochrobactrum ciceri* sp. nov., isolado de nódulos de *Cicer arietinum*. Int J Syst Evol Microbiol. 60: 1548-1553.

161. Imran, A., Saadalla, M. J. A., Khan, S.-U., Mirza, M. S., Malik, K. A., e Hafeez, F. Y. 2014. *Ochrobactrum* sp. Pv2Z2 exibe múltiplas caraterísticas de promoção do crescimento de plantas, biodegradação e deteção de quorum de *N-acil-homoserina-lactona.* Anais de Microbiologia. 64: 1797-1806.

162. Islam, A., Kabir, MD. S., e Khair, A. 2019. Caracterização e avaliação do isolado *de Bacillus siamensis* pelo seu potencial de promoção do crescimento no tomate. Agricultura (Polnohospodarstvo). 65(2): 42-50.

163. Jafari, M., Yari, M., Ghabooli, M., Sepehri, M., Ghasemi, E., e Jonker, A. 2018. A inoculação e co-inoculação de plântulas de alfafa com microrganismos promotores do crescimento radicular (*Piriformospora indica*, *Glomus intraradices* e *Sinorhizobium meliloti*) afectam as estruturas moleculares, os perfis nutricionais e a disponibilidade de feno para ruminantes. Animal Nutrition. 4: 90-99.

164. Jaime, M. D. L. A., Hsiang, T., e McDonald, M. R. 2008. Effects of *Glomus intraradices* and onion cultivar on *Allium* white rot development in organic soils in Ontario. Canadian Journal of Plant Pathology. 30(4): 543-553.

165. Jaizme-Vega, M. C., Rodriguez-Romero, A. S., e Barroso, L. A. 2006. Efeito da inoculação combinada de fungos micorrízicos arbusculares e rizobactérias promotoras do crescimento de plantas na papaia (*Carica papaya* L.) infetada com o nemátodo das galhas *Meloidogyne incognita*. Fruits. 61: 151-162.

166. Jamal, Q., Lee, Y. S., Jeon, H. D., e Kim, K. Y. 2018. Efeito de bactérias promotoras de crescimento de plantas *Bacillus amyloliquefaciens* Y1 nas propriedades do solo, crescimento de mudas de pimenta, flora bacteriana da rizosfera e enzimas do solo. Plant Protect Sci. 54(3): 129-137.

167. Jayamohan, N. S., Patil, S. V., e Kumudini, B. S. 2018. Validação da heterogeneidade molecular fluorescente *de Pseudomonas* spp. e correlação com suas potenciais caraterísticas de biocontrole contra a doença da murcha de fusarium. Agricultura e Recursos Naturais. 52: 317-324.

168. Jayapala, N., Mallikarjunaiah, N., Puttaswamy, H., Gavirangappa, H., e Ramachandrappa, N. S. 2019. *Rhizobacteria Bacillus* spp. induzir resistência contra a doença da antracnose no pimentão (*Capsicum annuum* L.) através da ativação da resposta de defesa do hospedeiro. Egito J Biol Pest Control. 29: 45.

169. Ji, X. L., Lu, G. B., Gai, Y. P., Zheng, C. C., e Mu, Z. M. 2008. Controlo biológico contra a murcha bacteriana e colonização da amoreira por uma estirpe endofítica *de Bacillus subtilis*. FEMS Microbiol Ecol. 65(3): 565-573.

170. Jimenez-Moreno, M. J., Moreno-Marquez, M. D. C., Moreno-Alias, I., Rapoport, H., e Fernandez-Escobar, R. 2018. Interação entre micorrização com *Glomus intraradices* e fósforo em plantas de oliveira em viveiro. Scientia Horticulturae. 233: 249-255.

171. Jin, S., Liu, L., Liu, Z., Long, X., Shao, H., e Chen, J. 2013. Caracterização de *Pseudomonas* spp. marinhas antagonistas em relação a três fungos apodrecedores de tubérculos da alcachofra de Jerusalém, uma nova cultura industrial. Culturas e produtos industriais. 43: 556-561.

172. Joe, M. M., Devaraj, S., Benson, A., e Sa, T. 2016. Isolamento de bactérias endofíticas solubilizadoras de fosfato de *Phyllanthus amarus* Schum & Thonn: Avaliação da promoção do crescimento vegetal e atividade antioxidante sob estresse salino. Jornal de Pesquisa Aplicada em Plantas Medicinais e Aromáticas. 3(2): 71-77.

173. Joshi, R., e McSpadden Gardener, B. B. 2006. Identificação e caraterização de novos marcadores genéticos associados a actividades de controlo biológico em *Bacillus subtilis*. Biol Control. 96: 145-154.

174. Jung, J., e Park, W. 2015. Espécies de *Acinetobacter* como micro-organismo modelo em microbiologia ambiental: estado atual e perspectivas. Appl Microbiol Biotechnol. 99: 2533-2548.

175. Kafi, S. A., Arabhosseini, S., Karimi, E., Koobaz, P., Mohammadi, A., e Sadeghi, A. 2021. *Pseudomonas putida* P3-57 induz respostas de defesa do pepino (*Cucumis sativus* L.) e melhora as caraterísticas de qualidade dos frutos em condições comerciais de estufa. 280: 109942.

176. Kampfer, P., Sessitsch, A., Schloter, M., Huber, B., Busse, H. J., e Scholz, H. C. 2008. *Ochrobactrum rhizosphaerae* sp. nov. e *Ochrobactrum thiophenivorans* sp. nov., isolados do ambiente. Int J Syst Evol Microbiol. 58: 1426-1431.

177. Kananont, N., Pichyangkura, R., Kositsup, B., Wiriyakitnateekul, W., e Chadchawan, S. 2016. Melhorando o desempenho do arroz por resíduos de quitina fermentados. Revista Internacional de Agricultura e Biologia. 18(1): 9-15.

178. Kaur, P., Duhan, J. S., e Thakur, R. 2018. Estudos comparativos

de potes de nanocompósitos de quitosana e quitosana-metal como nano-agroquímicos contra a murcha de fusarium do grão-de-bico (*Cicer arietinum* L.). Biocatálise e Biotecnologia Agrícola. 14: 466-471.

179. Kewsuwan, P., e Chukaew, S. 2016. Influência da degradação do quitosano por radiação gama no aumento do crescimento do milho. Energy Procedia. 89: 395-400.

180. Kheiri, A., Moosawi Jorf, S. A., Malihipour, A., Saremi, H., e Nikkhah, A. 2017. Síntese e caraterização de nanopartículas de quitosana e seu efeito na praga *de Fusarium* e atividade oxidativa no trigo. Int J Biol Macromol. 102: 526-538.

181. Kiprushkina, E. I., Shestopalova, I. A., Pekhotina, A. M., Kuprina, E. E., e Nikitina, O. V. 2017. Propriedades protectoras-estimulantes do quitosano na vegetação e armazenamento de tomates. Prog Chem Appl Chitin Deriv. 23: 77-81.

182. Klimek-Kopyra, A., Kliszcz, A., Slizowska, A., e Kot, D. 2019. A aplicação de bioestimulantes influencia as caraterísticas da parte aérea e da raiz das mudas de ervilha de inverno (*Pisum sativum* L.). Ata Agrobotanica. 72(2): 1771.

183. Kocira, A., Kocira, S., swieca, M., Zlotek, U., Jakubczyk, A., e Kapela, K. 2017. Efeito da aplicação foliar de um bioestimulante à base de nitrofenolato no rendimento e na qualidade de duas cultivares de feijão. Scientia Horticulturae. 214: 76-82.

184. Koleska, I., Hasanagic, D., Todorovic, V., Murtic, S., Klokic, I., Paradikovic, N., e Kukavica, B. 2017. O bioestimulante evita a perda de rendimento e reduz os danos oxidativos em plantas de tomate cultivadas com nutrição reduzida de NPK. Jornal de Interações Vegetais. 12(1): 209-218.

185. Korayem, A. M., Youssef, M. M. A., e Mohamed, M. M. M. 2008. Efeito da quitina e da abamectina na infestação de colza por *Meloidogyne incognita*. Journal of Plant Protection Research. 48(3): 365-370.

186. Kulikov, S. N., Lisovskaya, S. A., Zelenikhin, P. V., Bezrodnykh, E. A., Shakirova, D. R., Blagodatskikh, I. V., e Tikhonov, V. E. 2014. Atividade antifúngica de oligocitosanos (quitosanos de cadeia curta) contra algumas espécies de *Candida* e isolados clínicos de *Candida albicans*: Relação peso molecular-atividade. Jornal Europeu de Química Medicinal. 74: 169-178.

187. Kumar, A., e Verma, J. 2018. A interação planta-micróbio confere tolerância ao estresse nas plantas: uma revisão? Microbiol Res. 207: 41-52.

188. Kumari, R., Kaur, I., e Bhatnagar, A. K. 2011. Efeito do extrato aquoso de *Sargassum johnstonii* Setchell & Gardner no crescimento, rendimento e qualidade de *Lycopersicon esculentum* Mill. Journal of Applied Phycology. 23: 623-633.

189. Kumaraswamy, R. V., Kumari, S., Choudhary, R. C., Pal, A., Raliya, R., Biswas, P., e Saharan, V. 2018. Nanomateriais baseados em quitosana projetados: Bioatividades, mecanismos e perspectivas na proteção e crescimento das plantas. Macromoléculas. 113: 494-506.

190. Kumaraswamy, R. V., Saharan, V., Kumari, S., Choudhary, R. C., Pal, A., Sharma, S. S., Rakshit, S., Raliya, R., e Biswas, P. 2021. Nanofertilizante de quitosana-silício para melhorar o crescimento e o rendimento das plantas em milho (*Zea mays* L.). Plant Physiology and Biochemistry. 159: 53-66.

191. Kandula, D. R. W., Jones, E. E., McLean, A. S. K. L., e Hampton, J. G. 2015. Espécies *de Trichoderma* para biocontrole de patógenos de plantas transmitidos pelo solo de espécies de pastagem. Ciência e Tecnologia do Biocontrolo. 25(9): 1052-1069.

192. Kang, S.-M., Khan, A. L., Hamayun, M., Shinwari, Z. K., Kim, Y.-H., Joo, G.-J., e Lee, I.-J. 2012. *Acinetobacter calcoaceticus* amerliorated plant growth and influenced gibberellins and functional biochemicals. Pak J Bot. 44(1): 365-372.

193. Kang, S.-M., Hamayun, M., Khan, M. A., Iqbal, A., e Lee, I.-J. 2019. *Bacillus subtilis* JW1 aumenta o crescimento das plantas e a absorção de nutrientes do repolho chinês através da secreção de giberelinas. Jornal de Botânica Aplicada e Qualidade Alimentar. 92: 172-178.

194. Karn, S. K., e Pan, X. 2016. Papel da *Acinetobacter* sp. na oxidação do arsenito As(III) e na redução da sua mobilidade no solo. Ecologia Química. 32(5): 460-471.

195. Karnwal, A. 2020. *Pseudomonas* spp., uma bactéria vermicompostagem solubilizadora de zinco com atividade promotora do crescimento das plantas, modera a biofortificação do zinco no tomate. Jornal Internacional de Ciência Vegetal. DOI: 10.1080/19315260.2020.1812143

196. Karthikeyan, G., Doraisamy, S., e Rabindran, R. 2009. Resistência sistémica mediada por *Pseudomonas fluorescens* contra o vírus do enrugamento da folha do feijão-verde em grama-preta (*Vigna mungo*). . 42(3): 21-212.

197. Karuppiah, V., Li, Y., Sun, J., Vallikkannu, M., e Chen, J. 2020. Vel1 regula o crescimento de *Trichoderma atroviride* durante o co-cultivo com *Bacillus amyloliquefaciens* e é essencial para o controlo da podridão radicular do trigo. Biological Control. 151: 104374.

198. Katenkamp, U., Jacob, H.-E., Kerns, G., e Dalchow, E. 1989. Hibridização de protoplastos *de Trichoderma reesei* por electrofusão. Bioelectrochemistry and Bioenergetics. 22(1): 57-67.

199. Keshavarz, B., e Khalesi, M. 2016. *Trichoderma reesi*, uma fonte de celulose superior para aplicações industriais. Biocombustíveis. 7(6): 713-721.

200. Khaksar, G., Treesubsuntorn, C., e Thiravetyan, P. 2017. Impacto dos padrões de colonização endofítica na resposta ao estresse de *Zamioculcas zamiifolia* e na regulação dos níveis de ROS, triptofano e II sob condições de formaldeído no ar e solo contaminado com formaldeído. Plant Physiol Biochem. 114: 1-9.

201. Khalifa, A. Y. Z., Alsyeeh, A.-M., Almalki, M. A., e Saleh, F. A. 2016. Caracterização da bactéria promotora do crescimento vegetal,

Enterobacter cloacae MSR1, isolada de raízes de *Medicago sativa* não nodulante. Jornal Saudita de Ciências Biológicas. 23: 79-86.

202. Khan, M. R., Mohidin, F. A., Khan, U., e Ahamad, F. 2016. *Pseudomonas* spp. nativas suprimiram o nematoide das galhas *in vitro* e *in vivo*, e promoveram a nodulação e o rendimento de grãos no mungbean cultivado em campo. Biological Control. 101: 159-168.

203. Khatamidoost, Z., Jamali, S., Moradi, M., e Riseh, R. S. 2015. Efeito de estirpes iranianas de *Pseudomonas* spp. no controlo de nemátodos das galhas da raiz em pistácios. Ciência e Tecnologia de Biocontrolo. 25(3): 291-301.

204. Khoshkharam, M., Shahrajabian, M. H., e Esfandiary, M. 2021. Os efeitos do metanol e do aminoácido glicina betaína nas caraterísticas qualitativas e no rendimento das cultivares de beterraba sacarina (*Beta vulgaris* L.). Notulae Scientia Biologicae. 13(2): 1-13.

205. Koegel, S., Brule, D., Wiemken, A., Boller, T., e Courty, P.-E. 2015. O efeito de diferentes fontes de nitrogênio na interação simbiótica entre *Sorghum bicolor* e *Glomus intraradices*: Expressão de genes de plantas e fungos envolvidos na assimilação de nitrogênio. Biologia e Bioquímica do Solo. 86: 159-163.

206. Koizumi, Y., Sakanashi, D., Ohno, T., Yamada, A., Shiota, A., Kato, H., Hagihara, M., Watanabe, A., Kato, H., Hagihara, M., Watanabe, H., Asai, N., Watarai, M., Murotani, K., Yamagishi, Y., Suematsu, H., e Mikamo, H. 2019. As caraterísticas clínicas da bacteremia *por Acinetobacter* diferem entre as genomospécies: Uma análise comparativa retrospetiva de base hospitalar de estirpes identificadas genotipicamente. Jornal de Microbiologia, Imunologia e Infeção. 52: 966-972.

207. Krause, M. S., De Ceuster, T. J. J., Tiquia, S. M., Michel, F. C., Madden, Jr., L. V., e Hoitink, H. A. J. 2003. L. V., e Hoitink, H. A. J. 2003. Isolamento e caraterização de rizobactérias de compostos que suprimem a severidade da mancha foliar bacteriana do rabanete. Phytopathology. 93: 1292-1300.

208. Krzyzanowska, D. M., Maciag, T., Ossowicki, A., Rajewska, M., Kaczynski, Z., Czerwicka, M., Rabalski, L., Czaplewska, P., e Jafra, S. 2019. *Ochrobactrum quorumnocens* sp. Nov., uma bactéria quorum quenching da rizosfera da batata e análise comparativa do genoma com cepas de tipo relacionadas. PLOS ONE. 14: e0210874.

209. Kuan, K. B., Othman, R., Abdul Rahim, K., e Shamsuddin, Z. H. 2016. Inoculação de rizobactérias promotoras do crescimento de plantas para aumentar o crescimento vegetativo, a fixação de nitrogênio e a remobilização de nitrogênio do milho em condições de estufa. PLOS ONE. 11: e0152478.

210. Kucukyumuk, Z., Ozgonen, H., Erdal, I., e Eraslan, F. 2014. Efeito do zinco e *Glomus intraradices* no controle de *Pythium deliense*, parâmetros de crescimento da planta e concentrações de nutrientes do pepino. Notulae Botanicae Horti Agrobotanici Cluj-Napoca. 42(1): 138-142.

211. Kuhl, T., Felder, M., Nussbaumer, T., Fischer, D., Kublik, S., Paul Chowdhury, S., Schloter, M., e Rothballer, M. 2019. Montagem do genoma de *novo* de uma cepa *Rhodococcus qingshengii* associada a plantas (RL1) isolada de *Eruca sativa* Mill. e mostrando propriedades promotoras de crescimento de plantas. Microbiol Resour Announc. 8: e01106-19.

212. Kuklinsky-Sobral, H. L., Araujo, W. L., Mendes, R., Geraldi, I. O., Pizzirani-Kleiner, A. A., e Azevedo, J. L. 2004. Isolamento e caraterização de bactérias associadas à soja e seu potencial para a promoção do crescimento vegetal. Environ Microbiol. 6: 1244-1251.

213. Kumar, C. G., Sujitha, P., Mamidyala, S. K., Usharani, P., Das, B., e Reddy, C. R. 2014. Ochrosin, um novo biossurfactante produzido por *Ochrobactrum* sp. halofílico estirpe BS-206 (MTCC 5720): Purificação, caraterização e sua avaliação biológica. Process Biochemistry. 49(10): 1708-1717.

214. Kumar, G. P., Desai, S., Reddy, G., Amalraj, E. L. D., Rasul, A., e Ahmed, S. K. Mir. H. 2015. A bacterização de sementes com *Pseudomonas* spp. fluorescentes aumenta a absorção de nutrientes e o crescimento de *Cajanus cajan* L. Comunicações em Ciência do Solo e Análise de Plantas. 46(5): 652-665.

215. Kurniawan, O., Wilson, K., Mohamed, R. e Avis, T. J. 2018. *Bacillus* e *Pseudomonas* spp. fornecer atividade antifúngica contra mofo cinzento e podridão *de Alternaria* em frutas de mirtilo. Controlo Biológico. 126: 136-141.

216. Kwak, Y.-S., Bonsall, R. F., Okubara, P. A., Paulitz, T. C., Thomashow, L. S., e Weller, D. M. 2012. Factores que influenciam a atividade de *Pseudomonas fluorescens* produtora de 2,4-diacetilcloroglucinol contra o trigo. Biologia e Bioquímica do Solo. 54: 48-56.

217. Lacava, P. T., Andreote, F. D., Araujo, W. L., e Azevedo, J. L. 2006. Caracterização da comunidade bacteriana endofítica de citros por isolamento, PCR específico e DGGE. Pesquisa Agropecuária Bras. 41: 637-642.

218. Lahlali, R., McGregor, L., Song, T., Gossen, B. D., Narisawa, K., e Peng, G. 2014. *Heteroconium chaetospira* induz resistência ao clubroot através da regulação positiva dos genes do hospedeiro envolvidos na biossíntese de ácido jasmônico, etileno e auxina. PLOS ONE. 9(4): e94144.

219. Lebuhn, M., Achouak, W., Schloter, M., Berge, O., Meier, H., Barakat, M., Hartmann, A., e Heulin, T. 2000. Taxonomic characterization of *Ochrobactrum* sp. isolates from soil samples and wheat roots, and description of *Ochrobactrum tritici* sp. nov. and *Ochrobactrum grignonense* sp. npv. Int J Syst Evol Microbiol. 50: 2207-2223.

220. Lei, X., Jia, Y., Chen, Y., e Hu, Y. 2019. Nitrificação e desnitrificação simultâneas sem acumulação de nitritos por um novo *Ochrobactrum anthropic* LJ81 isolado. Bioresource Technology. 272:

442-450.

221. Li, Y., Peng, J., Shi, P., e Zhao, B. 2009. O efeito do Cd no desenvolvimento micorrízico e na atividade enzimática de *Glomus mosseae* e *Glomus intraradices* em *Astragalus sinicus* L. Chemosphere. 75(7): 894-899.

222. Li, H., Ye, Z. H., Chan, W. F., Chen, X. W., Wu, F. Y., Wu, S. C., e Wong, M. H. 2011. Podem os fungos micorrízicos arbusculares melhorar o rendimento dos grãos, a absorção e a tolerância do arroz cultivado em condições aeróbicas? Environmental Pollution. 159(10): 2537-2545.

223. Li, F.-Y., Tang, K.-L., Cai, C.-T., e Xu, X.-P. 2016. *Phytolacca acinosa* Roxb. com *Artherobacter echigonensis* MN1405 melhora a fitorremediação de metais pesados. Jornal Internacional de Fitorremediação. 18(10): 956-965.

224. Li, L., Li, Y. Q., Jiang, Z., Gao, R., Nimaichand, S., Duan, Y. Q., Egamberdieva, D., Chen, W., e Li, W. J. 2016. *Ochrobactrum endophyticum* sp. nov., isolado de raízes de *Glycyrrhiza uralensis*. Arch Microbiol. 198: 171-179.

225. Lim, J. H., e Kim, S. D. 2009. Promoção sinérgica do crescimento de plantas pelo PGPR *Bacillus subtilis* AH18 e *Bacillus licheniformis* K11, produtores de auxinas indígenas. J Korean Soc Appl Biol Chem. 52: 531-538.

226. Lima, E. F., Costa Neto, V. P. D., Araujo, J. M. D., Alcantara Neto, F. D., Bonifacio, A., e Rodrigues, A. C. 2016. Variedades de feijão-de-lima apresentam diferentes respostas de crescimento quando inoculadas com *Bacillus* sp., uma bactéria promotora de crescimento vegetal. Biosci. J., Uberlândia. 32(5): 1221-1233.

227. Lin, H.-R., Shu, H.-Y., e Lin, G.-H. 2018. Papéis biológicos do ácido indol-3-acético em *Acinetobacter baumannii*. Pesquisa Microbiológica. 216: 30-39.

228. Lincoln, S. A., Hamilton, T. L., Valladares Juarez, A. G., Schedler, M., Macalady, J. L., Muller, R., e Freeman, K. H. 2015. Projeto de sequência do genoma da bactéria piezotolerante e degradadora de petróleo bruto *Rhodococcus qingshengii* estirpe TUHH-12. Genome Announc. 3: e00268-15.

229. Linu, M. S., Asok, A. K., Thampi, M., Sreekumar, J., e Jisha, M. S. 2019. Caraterísticas de promoção do crescimento de plantas de isolados de Pseudomonas aeruginosa solubilizadores de fosfato indígenas da rizosfera de pimenta (*Capsicum annuum* L.). Comunicações em Ciência do Solo e Análise de Plantas. 50(4): 444-457.

230. Lira-Saldivar, R. H., Hernandez, A., Valdez, L. A., Cardenas, A., Ibarra, L., Hernandez, M., e Ruiz, N. 2014. A co-inoculação de *Azospirillum brasilense* e *Glomus intraradices* estimula o crescimento e o rendimento do tomate cereja em condições de sombreamento. Revista Internacional de Botânica Experimental. 83: 133-138.

231. Liu, S., Hu, X., Lohrke, S. M., Baker, C. J., Buyer, J. S., et al. 2007. Role of sdhA and pfkA and catabolism or reduced carbon during

colonization of cucumber roots by Enterobacter cloacae. Microbiology. 153: 3196-3209.

232. Liu, T., Wei, L., Qiao, M., Zou, D., Yang, X., e Lin, A. 2016. Mineralização do pireno induzida pela interação entre *Ochrobactrum* sp. PW e azevém em solo com picos. Ecotoxicologia e Segurança Ambiental. 133: 290-296.

233. Liu, M., Sun, J., Li, Y., e Xiao, Y. 2017. O fertilizante nitrogenado aumenta o crescimento e a absorção de nutrientes de *Medicago sativa* inoculado com *Glomus tortuosum* cultivado em solo ácido contaminado com Cd. Chemosphere. 167: 204-211.

234. Lopez-Valenzuela, B. E., Armenta-Bojorquez, A. D., Hernandez-Verdugo, S., Apodaca-Sanchez, M. A., Samaniego-Gaxiola, J. A., e Valdez-Ortiz, A. 2019. *Trichoderma* spp. e *Bacillus* spp. como promotores de crescimento em milho (*Zea mays* L.). Phyton. 88(1): 37-46.

235. Lucini, L., Colla, G., Moreno, M. B. M., Bernardo, L., Cardarelli, M., Terzi, V., Bonini, P., e Rouphael, Y. 2019. A inoculação de *Rhizoglomus irregular* ou *Trichoderma atroviride* modula diferencialmente o perfil metabólico dos exsudatos da raiz do trigo. Fitoquímica. 157: 158-167.

236. Luduena, L. M., Anzuay, M. S., Angelini, J. G., McIntosh, M., Becker, A., Rupp, O., Goesmann, A., Blom, J., Fabra, A., e Taurian, T. 2019. Sequência genômica da cepa endofítica *Enterobacter* sp. J49, um potencial biofertilizante para amendoim e milho. Genómica. 111: 913-920.

237. Macias-Rodriguez, L., Contreras-Cornejo, H. A., Adame-Garnica, S. G., Del-Val, Ek., e Larsen, J. 2020. As interações de *Trichoderma* em vários níveis tróficos: comunicação inter-reinos. Microbiological Research. 240: 126552.

238. Madhaiyan, M., Poonguzali, S., Lee, J. S., Lee, K. C., e Hari, K. 2011. *Bacillus rhizosphaerae* sp. nov., uma nova bactéria diazotrófica isolada do solo da rizosfera da cana-de-açúcar. Antonie Van Leeuwenhoek van Leeuwenhoek. 100: 437-444.

239. Mahdavi, B., Sanavy, S. A. M. M., Aghaalikhani, M., Sharifi, M., e Dolatabadian, A. 2011. O quitosano melhora a tolerância ao potencial osmótico em plântulas de cártamo (*Carthamus tinctorius* L.). Journal of Crop Improvement. 25(6): 728-741.

240. Malerba, M., e Cerana, R. 2020. Derivados à base de quitina e quitosana na proteção de plantas contra estresses bióticos e abióticos e na recuperação de solo e água contaminados. Polysaccharides. 1: 21-30.

241. Meng, X., Yang, L., Kennedy, J. F., e Tian, S. 2010. Efeitos do quitosano e do oligocitosano no crescimento de dois agentes patogénicos fúngicos e nas propriedades fisiológicas da fruta da pera. Polímeros de hidratos de carbono. 81(1): 70-75.

242. Mirajkar, S. J., Dalvi, S. G., Ramteke, S. D., e Suprasanna, P. 2019. A aplicação foliar de quitosana processada por radiação gama desencadeou respostas biológicas distintas na cana-de-açúcar sob

condições de estresse por déficit hídrico. Jornal Internacional de Macromoléculas Biológicas. 139: 1212-1223.

243. Moenne, A., e Gonzalez, A. 2021. Oligossacarídeos derivados de quitosana, alginato-carragenina estimulam a defesa contra estresses bióticos e abióticos e o crescimento em plantas: uma perspetiva histórica. Carbohydrate Research. DOI: 10.1016/j.carres.2021.108298

244. Mokhtari-Hosseini, Z.-B., Hatamian-Zarmi, A., Mohammadnejad, J., e Ebrahimi-Hosseinzadeh, B. 2018. Produção de biopolímero de quitina e quitosana a partir do fungo medicinal iraniano *Ganoderma lucidum*: otimização e caraterização. Bioquímica Preparativa e Biotecnologia. 48(7): 662-670.

245. Mondal, M. M. A., Malek, M. A., Puteh, A. B., Ismail, M. R., Ashrafuzzaman, M., e Naher, L. 2012. Efeito da aplicação foliar de quitosana no crescimento e rendimento do quiabo. Australian Journal of Crop Science. 6(5): 918-921.

246. Mondal, M. M. A., Puteh, A. B., e Dafader, N. C. 2015. A aplicação foliar de quitosana melhorou os atributos morfo-fisiológicos e o rendimento do tomate de verão (*Solanum lycopersicum*). Pak J Agri Sci. 53(2): 339-344.

247. Mujtaba, M., Khawar, K. M., Camara, M. C., Carvalho, L. B., Fraceto, L. F., Morsi, R. E., Elsabee, M. Z., Kaya, M., Labidi, J., Ullah, H., e Wang, D. 2020. Sistemas de entrega à base de quitosana para plantas: Uma breve visão geral das vantagens recentes e direcções futuras. Macromolecules. 154: 683-697.

248. Mukta, J. A., Rahman, M., Sabir, A. A., Gupta, D. R., Surovy, M. Z., Rahman, M., e Islam, M. T. 2017. A aplicação de quitosana e probióticos vegetais aumenta o crescimento e o rendimento do morango. Biocatálise e Biotecnologia Agrícola. 11: 9-18.

249. Muley, A. B., Shingote, P. R., Patil, A. P., Dalvi, S. G., e Suprasanna, P. 2019. Degradação por radiação gama de quitosana para aplicação na promoção do crescimento e indução de tolerância ao estresse em batata (*Solanum tuberosum* L.). Polímeros de carboidratos. 210: 289-301.

250. Munhuweyi, K., Lennox, C. L., Meitz-Hopkins, J. C., Caleb, O. J., Sigge, G. O., e Opara, U. L. 2017. Investigando os efeitos da quitosana de casca de caranguejo no crescimento de micélios fúngicos e atributos de qualidade pós-colheita de frutas inteiras e arilos de romã. Scientia Horticulturae. 220: 78-89.

251. Mwaheb, M. A. M. A., Hussain, M., Tian, J., Zhang, X. X., Hamid, I. M., Abo El-Kassim, N., Hassan, G. M., Xiang, M., e Liu, X. 2017. Supressão sinérgica de nematóides de cisto da soja por quitosana e *Hirsutella minnesotensis* através da montagem das comunidades microbianas da rizosfera da soja. Biol Control. 115: 86-94.

252. Mzibra, A., Aasfar, A., El Arroussi, H., Khouloud, M., Dhiba, D., Meftah Kadmiri, I., e Bamouh, A. 2018. Polissacarídeos extraídos de algas marroquinas: uma fonte promissora de promotores de crescimento de plantas de tomate. Jornal de Ficologia Aplicada. 30: 2953-2962.

253. Majeed, A., Abbasi, M. K., Hameed, S., Yasmin, S., Hanif, M. K., Naqqash, T., e Imran, A. 2018. Pseudomonas sp. AF-54 contendo múltiplas caraterísticas benéficas para a planta atua como intensificador de crescimento de *Helianthus annuus* L. sob entrada reduzida de fertilizantes. Pesquisa Microbiológica. 216: 56-59.

254. Marro, N., Lax, P., Cabello, M., Doucet, M. E., e Becerra, A. G. 2014. Uso do fungo micorrízico arbusculares *Glomus intraradices* como agente de controle biológico do nematoide *Nacobbus aberrans* parasitando o tomateiro. Arquivos Brasileiros de Biologia e Tecnologia. 57(5): 668-674.

255. Martin, S. L., Mooney, S. J., Dickinson, M. J., e West, H. M. 2012. Os efeitos da colonização simultânea de raízes por três espécies de *Glomus* nas caraterísticas dos poros do solo. Biologia e Bioquímica do Solo. 49: 167-173.

256. Mayak, S., Tirosh, T., e Glick, B. R. 2001. Estimulação do crescimento de plantas de tomate, pimenta e feijão mungo pela bactéria promotora do crescimento de plantas *Enterobacter cloacae* CAL3. Biological Agriculture and Horticulture. 19(3): 261-274.

257. McInroy, J. A., e Kloepper, J. W. 1995. Pesquisa de endófitos bacterianos indígenas de algodão e milho doce. Plant Soil. 173: 337-342.

258. McLean, K. L., Hunt, J. S., Stewart, A., Wite, D., Porter, I. J., e Villata, O. 2012. Compatibilidade de um agente de biocontrolo *Trichoderma atroviride* com práticas de gestão de culturas *de Allium*. Proteção das culturas. 33: 94-100.

259. Mechri, B., Manga, A. G. B., Tekaya, M., Attia, F., Cheheb, H., Meriem, F. B., Braham, M., Boujnah, D., e Hammami, M. 2014. Alterações nas comunidades microbianas e perfis de carboidratos induzidos pelo fungo micorrízico (*Glomus intraradices*) na rizosfera de oliveiras (*Olea europaea* L.). Applied Soil Ecology. 75: 124-133.

260. Meng, X., Yan, D., Long, X., Wang, C., Liu, Z., e Rengel, Z. 2014. A colonização por *Ochrobactrum anthropi* Mn1 endofítico promove o crescimento da alcachofra de Jerusalém. Biotecnologia Microbiana. 7(6): 601-610.

261. Mercado-Blanco, J., Rodriguez-Jurado, D., Hervas, A., e Jimenez-Diaz, R. M. 2004. Supressão da murcha de Verticillium em plantas de oliveira por *Pseudomonas* spp. fluorescentes associadas às raízes. Biological Control. 30(2): 474-486.

262. Mercado-Blanco, J., e Bakker, P. A. H. M. 2007. Interações entre plantas e *Pseudomonas* spp. benéficas: exploração de caraterísticas bacterianas para proteção das culturas. Antonie van Leeuwenhoek. 92: 367-389.

263. Miljakovic, D., Marinkovic, J., e Balesevic-Tubic, S. 2020. A importância de *Bacillus* spp. na supressão de doenças e promoção do crescimento de culturas de campo e vegetais. Microorganismos. 8(1037): 1-19.

264. Misko, A. L., e Germida, J. J. 2002. Taxonomic and functional diversity of pseudomonads isolated from rots of field grown canola.

FEMS Microbiol Ecol. 42: 399-407.
265. Mishra, P. K., Bisht, S. C., Ruwari, P., Joshi, G. K., Singh, G., Bisht, J. K., e Bhatt, J. C. 2011. Bioassociative effect of cold tolerant *Pseudomonas* spp. and *Rhizobium leguminosarum-PR1* on iron acquisition, nutrient uptake and growth of lentil (*Lens culinaris* L.). Jornal Europeu de Biologia do Solo. 47(1): 35-43.
266. Mishra, P. K., Bisht, S. C., Mishra, S., Selvakumar, G., Bisht, J. K., e Gupta, H. S. 2012. A coinoculação de *Rhizobium leguminosarum-PR1* com uma *Pseudomonas* sp. tolerante ao frio melhora a aquisição de ferro, a absorção de nutrientes e o crescimento da ervilha forrageira (*Pisum sativum* L.). Journal of Plant Nutrition. 35(2): 243-256.
267. Mishra, P. K., Bisht, S. C., Jeevanandan, K., Kumar, S., Bisht, J. K., e Bhatt, J. C. 2014. Efeito sinérgico da inoculação de *Pseudomonas* spp. promotoras de crescimento vegetal e *Rhizobium leguminosarum-FB1* no crescimento e absorção de nutrientes de rajmash (*Phaseolus vulgaris* L.). Arquivos de Agronomia e Ciência do Solo. 60(6): 799-815.
268. Mishra, S. K., Khan, M. H., Misra, S., Dixit, V. K., Gupta, S., Tiwari, S., Gupta, S. C., e Chauhan, P. S. 2020. A inoculação de *Ochrobactrum* sp. tolerante à seca desempenha múltiplos papéis na manutenção da homeostase em *Zea mays* L. submetido ao estresse hídrico deficitário. Plant Physiology and Biochemistry. 150: 1-14.
269. Mitra, S., Pramanik, K., Sarkar, A., Ghosh, P. K., Soren, T., e Maiti, T. K. 2018. Bioacumulação de cádmio por *Enterobacter* sp. e aumento do crescimento de mudas de arroz sob estresse de cádmio. Ecotoxicologia e Segurança Ambiental. 156: 183-196.
270. Mocali, S., Bertelli, E., Di Cello, F., Mengoni, A., Sfalanga, A., Viliani, F., Caciotii, A., Tegli, S., Surico, G., e Fani, R. 2003. Flutuação de bactérias isoladas de tecidos de olmo durante diferentes estações e de diferentes órgãos da planta. Res Microbiol. 154: 105-114.
271. Mohammad, A., Mitra, B., e Khan, A. G. 2004. Effects of sheared-root inoculums of *Glomus intraradices* on wheat grown at different phosphorus levels in the field. Agriculture, Ecosystems & Environment. 103(1): 245-249.
272. Mohammed, A. F., Oloyede, A. R., e Odeseye, A. O. 2020. Controlo biológico da murchidão bacteriana do tomate causada por *Ralstonia solanacearum* utilizando espécies de *Pseudomonas* isoladas da rizosfera de plantas de tomate. Arquivos de Fitopatologia e Proteção de Plantas. 53(1-2): 1-16.
273. Mota, I., Sanchez-Sanchez, J., Pedro, L. G., e Sousa, M. J. 2020. Variação da composição do óleo essencial de *Ocimum basilicum* L. cv. Genovese Gigante em resposta a *Glomus intraradices* e stress hídrico ligeiro em diferentes fases de crescimento. Biochemical Systematics and Ecology. 90: 104021.
274. Mowafy, A. M., Fawzy, M. M., Gebreil, A., e Elsayed, A. 2021. Bacillus, Enterobacter e Klebsiella endofíticos melhoram o crescimento e o rendimento do milho. Ata Agriculturae Scandinavica, Secção B - Ciência do Solo e das Plantas. DOI: 10.1080/09064710.2021

275. Mukherjee, A., e Babu, S. P. S. 2013. Supressão mediada por *Pseudomonas fluorescens* da infeção por *Meloidogyne incognita* de feijão-caupi e tomate. Arquivos de Fitopatologia e Proteção das Plantas. 46(5): 607-616.
276. Mukhia, S., Khatri, A., Acharya, V., e Kumar, R. 2021. A genômica comparativa e a análise de adaptação molecular de *Arthrobacter* de Sikkim Himalaya forneceram informações sobre sua capacidade de sobrevivência sob múltiplos estresses de alta altitude. Genómica. 113(1): 151-158.
277. Mukhopadhyay, R., e Kumar, D. 2020. *Trichoderma*: um agente antifúngico benéfico e uma visão dos seus mecanismos de potencial biocontrolo. Egyptian Journal of Biological Pest Control. 30: 133.
278. Murphy, J. F., Zehnder, G. W., Schuster, D. J., Sikora, E. J., Polston, J. E., e Kloepper, J. W. 2000. Proteção mediada por rizobactérias promotoras do crescimento das plantas no tomate contra o tomato mottle virus. Plant Dis. 84: 779-784.
279. Nakkeeran, S., Kavitha, K., Chandrasekar, G., Renukadevi, P., e Fernando, W. G. D. 2006. Indução de compostos de defesa das plantas por *Pseudomonas chlororaphis* PA23 e *Bacillus subtilis* BSCBE4 no controlo do amortecimento do pimento causado por *Pythium aphanidermatum*. Ciência e Tecnologia do Biocontrolo. 16(4): 403-416.
280. Nandeeshkumar, P., Ramachandrakini, K., Prakash, H. S., Niranjana, S. R., e Shekar Shetty, H. 2008. Indução de resistência contra o míldio no girassol por rizobactérias. J Plant Interact. 3: 255-262.
281. Nandini, B., Geetha, N., Prakash, H. S., e Hariparsad, P. 2021. Absorção natural de anti-oomicetos *Trichoderma* produziu metabólitos secundários de mudas de milheto de pera - Um novo mecanismo de controle biológico da doença do míldio. Biological Control. 156: 104550.
282. Nanjundappa, A., Bagyaraj, D. J., Saxena, A. L., Kumar, M., e Chakdar, H. 2019. Interação entre fungos micorrízicos arbusculares e *Bacillus* spp. no solo, aumentando o crescimento das plantas cultivadas. Biologia Fúngica e Biotecnologia. 6(23): 1-10.
283. Narisawa, K., Tokumasu, S., e Hashiba, T. 1998. Supressão da formação de clubroot em couve chinesa pelo fungo endofítico de raiz, *Heteroconium chaetospira*. Patologia Vegetal. 47(2): 206-210.
284. Narisawa, K., Shimura, M., Usuki, F., Fukuhara, S., e Hashiba, T. 2005. Efeitos da densidade do agente patogénico, da humidade e do pH do solo no controlo biológico do clubroot em couve chinesa por *Heteroconium chaetospira*. Plant Disease. 89: 28-290.
285. Natesan, K., Pnmurugan, P., Gnanamangai, B. M., Manigandan, V., Joy, S. P. J., Jayakumar, C., e Amsaveni, G. 2020. Biossíntese de nanopartículas de sílica e cobre de *Trichoderma*, *Streptomyces* e *Pseudomonas* spp. avaliadas contra o cancro do colarinho e a podridão vermelha da raiz das plantas de chá. Arquivos de Fitopatologia e Proteção de Plantas. DOI: 10.1080/03235408.2020.1817258
286. Nazirkar, A., Wagh, M., Qureshi, A., Bodade, R., e Kutty, R. 2020.

Desenvolvimento de ferramenta de rastreamento para genes de p-nitrofenol monooxigenase do solo aumentado com isolados degradantes de p-Nitrofenol: *Bacillus*, *Pseudomonas* e *Arthrobacter*. Bioremediation Journal. 24(1): 71-79.

287. Nemec, S. 1997. Longevidade dos agentes microbianos de biocontrolo numa mistura de plantação alterada com *Glomus intraradices*. Ciência e Tecnologia do Biocontrolo. 7(2): 183-192.

288. Ng, I.-S., Wu, X., Yang, X., Xie, Y., Lu, Y., e Chen, C. 2013. Efeito sinérgico de celulases *de Trichoderma reesei* em resíduos de chá agrícola para adsorção de metal pesado Cr (VI). Bioresource Technology. 145: 297-301.

289. Nie, P., Li, X., Wang, S., Guo, J., Zhao, H., e Niu, D. 2017. Resistência sistêmica induzida contra *Botrytis cinerea* por *Bacillus cereus* AR156 através de uma via de sinalização dependente de JA / ET e NPR1 e ativa a imunidade acionada por pamp em Arabidopsis. Front Plant Sci. 8: 238.

290. Niznansky, L., Varecka, L., e Krystofova, S. 2016. A interrupção do shunt GABA afeta a resposta *de Trichoderma atroviride* a estímulos nutricionais e ambientais. Ata Chimica Slovaca. 9(2): 109-113.

291. Noell, A. C., Ely, T., Bolser, D. K., Darrach, H., Hodyss, R., Johnson, P. V., Hein, J. D., e Ponce, A. 2015. Espectroscopia e viabilidade de esporos *de Bacillus subtilis* após irradiação ultraviolenta: Implicações para a deteção de potencial vida bacteriana em Europa. Astrobiologia. 15(1): 20-31.

292. Nordstedt, N. P., Chapin, L. J., Taylor, C. G., e Jones, M. L. 2020. Identificação de *Pseudomonas* spp. que aumentam a qualidade das culturas ornamentais durante o estresse abiótico. Fronteiras na ciência das plantas. 10: 1754.

293. Ogbaji, P. O., Shahrajabian, M. H., e Xue, X. 2013. Mudanças na germinação e principalmente no crescimento de três cultivares de tomate sob diatomita e materiais de solo no sistema de auto-irrigação. Revista Internacional de Biologia. 5(3): 80-84.

294. Ohki, T., Yonezawa, M., Hashiba, T., Masuya, H., Usuki, F., Narisawa, K., e Narisawa, K. 2002. Processo de colonização do fungo endofítico de raiz *Heteroconium chaetospira* em raízes de couve chinesa. Mycoscience. 43(2): 191-194.

295. Ojaghian, S., Wang, L., Xie, G.-L., e Zhang, J.-Z. 2019. Efeito dos voláteis produzidos por *Trichoderma* spp. na expressão de genes da glutationa transferase em *Sclerotinia sclerotiorum*. Biological Control. 136: 103999.

296. Oksinska, M. P., Wright, S. A. I., e Pietr, S. J. 2011. Colonização de plântulas de trigo (*Triticum aestivum* L.) por estirpes de *Pseudomonas* spp. no que respeita aos seus perfis de utilização de nutrientes. Jornal Europeu de Biologia do Solo. 47(6): 364-373.

297. Olanya, O. M., Taylor, J., Ukuku, D. O., e Malik, N. S. A. 2015. Inativação de serovares *de Salmonella* por estirpes *de Pseudomonas chlororaphis* e *Pseudomonas fluorescens* em tomates. Ciência e

Tecnologia de Biocontrolo. 25(4): 399-413.
298. Oliveira, R. S., Castro, P. M. L., Dodd, J. C., e Vosatka, M. 2005. Efeito sinérgico de *Glomus intraradices* e *Frankia* spp. no crescimento e recuperação de stress de *Alnus glutinosa* num sedimento antropogénico alcalino. Chemosphere. 60(10): 1462-1470.
299. Onal, N., Avsar, C., e Aras, E. S. 2020. Deteção de isolados de Pseudomonas multirresistentes e distribuição de genes funcionais desnitrificantes. Jornal Internacional de Pesquisa em Saúde Ambiental. DOI: 10.1080/09603123.2020.1720619
300. Orlandini, V., Maida, I., Fondi, M., Perrin, E., Papaleo, M. C., Bosi, E., Pascale, D. D., Tutino, M. L., Michaud, L., Giudice, A. L., e Fani, R. 2014. Análise genómica de três estirpes *de Arthrobacter* Antarctic associadas a esponjas, inibindo o crescimento de bactérias do complexo *Burkholderia cepacia* através da síntese de compostos orgânicos voláteis. Microbiological Research. 169: 593-601.
301. Oskiera, M., Szczech, M., Stepowska, A., Smolinska, U., e Bartoszewski, G. 2017. Monitoramento de espécies *de Trichoderma* em solo agrícola em resposta à aplicação de biopreparações. Controlo Biológico. 113: 65-72.
302. Palencia, P., Martinez, F., Pestana, M., Oliveira, J. A., e Correira, P. J. 2015. Efeito de *Bacillus velezensis* e *Glomus intraradices* na qualidade dos frutos e parâmetros de crescimento em sistema de cultivo sem solo de morango. The Horticulture Journal. 84(2): 122-130.
303. Panda, S. K., e Maiti, S. K. 2019. Uma abordagem para desintoxicação simultânea e incremento da produção de enzimas de celulose por *Trichoderma reesei* usando palha de arroz. Fontes de energia, parte A: recuperação, utilização e efeitos ambientais. 41(22): 2691-2703.
304. Panda, B., Rahman, H., e Panda, J. 2016. Bactérias solubilizadoras de fosfato dos solos ácidos da região leste do Himalaia e seu efeito antagônico sobre patógenos fúngicos. Rhizosphere. 2: 62-71.
305. Pandey, A., e Palni, L. M. S. 1997. *Bacillus* species: the dominant bacteria of the rhizosphere of established tea bushes. Microbiol Res. 152: 359-365.
306. Pandey, C., Bajpai, V. K., Negi, Y. K., Rather, I. A., e Maheshwari, D. K. 2018. Efeito do crescimento da planta promovendo *Bacillus* spp. nas propriedades nutricionais dos grãos de *Amaranthus hypochondriacus*. Jornal Saudita de Ciências Biológicas. 25: 1066-1071.
307. Park, M. S., Jung, S. R., Lee, M. S., Kim, K. O., Do, J. O., Lee, K. H., Kim, S. B., e Bae, K. S. 2005. Isolamento e caraterização de bactérias associadas a duas espécies de plantas de dunas de areia, *Calystegia soldanella* e *Elymus mollis*. J Microbiol. 43: 219-227.
308. Park, Y. G., Mun, B. G., Kang, S. M., Hussain, A., Shahzad, R., Seo, C. W. e Lee, I. J. 2017. *Bacillus aryabhattai* SRB02 tolera o estresse oxidativo e nitrosativo e promove o crescimento da soja, modulando a produção de fitohormônios. PLOS ONE. 12: e0173203.
309. Pasciak, M., Sanchez-Carballo, P., Duda-Madej, A., Lindner, B.,

Gamian, A., e Holst, O. 2010. Caracterização estrutural dos principais glicolípidos de *Arthrobacter globiformis* e *Arthrobacter scleromae*. Carbohydrate Research. 345(10): 1497-1503.

310. Patel, P., Shah, R., e Modi, K. 2017. Isolamento e caraterização do potencial de promoção do crescimento vegetal de *Acinetobacter* sp. RSC7 isolado de *Saccharum officinarum* cultivar Co 671. Jornal de Biologia Experimental e Ciências Agrárias. 5(4): 483-491.

311. Patil, S., Nikam, M., Anokhina, T., Kochetkov, V., e Chaudhari, A. 2017. *Pseudomonas* spp. MCC 3145 produtora de citostáticos e pigmento fungicida tolerante a múltiplos estresses que promovem o crescimento de plantas. Biocatálise e Biotecnologia Agrícola. 10: 53-63.

312. Pattanik, S., Dash, D., Mohapatra, S., Pattnaik, M., Marandi, A. K., Das, S., e Samantaray, D. P. 2020. Melhoria da produtividade da planta de arroz por bactérias nativas redutoras de Cr (VI) e promotoras de crescimento de plantas *Enterobacter cloacae*. Chemosphere. 240: 124895.

313. Pawar, P. B., Khadilkar, J. P., Kulkarni, M. V., e Melo, J. S. 2018. Uma abordagem para melhorar a qualidade nutritiva do óleo de semente de amendoim (*Arachis hypogaea* L.) através da fertirrigação endo-micorrízica. Biocatálise e Biotecnologia Agrícola. 14: 18-22.

314. Pellegrini, A., Prodorutti, D., e Pertot, I. 2014. Uso de cobertura morta de casca pré-inoculada com *Trichoderma atroviride* para controlar a podridão radicular de Armillaria. Proteção das Culturas. 64: 104-109.

315. Peng, H., Xie, W., Li, D., Wu, M., Zhang, Y., Xu, H., Ye, J., Ye, T., Xu, L., Liang, Y., e Liu, W. 2019. Mecanismo resistente ao cobre do *Ochrobactrum* MT180101 e sua aplicação no biorreator de membrana para o tratamento de águas residuais de galvanoplastia. Ecotoxicologia e Segurança Ambiental. 168: 17-26.

316. Petit, E., e Gubler, W. D. 2006. Influência de *Glomus intraradices* na doença do pé negro causada por *Cylindrocarpon macrodidymum* em Vitis rupestris em condições controladas. Plant Disease. 90(12): 1481-1484.

317. Plenchette, C., e Duponnois, R. 2005. Resposta do crescimento do arbusto salgado *Atriplex nummularia* L. à inoculação com o fungo micorrízico arbuscular *Glomus intraradices*. Journal of Arid Environments. 61(4): 535-540.

318. Ponce, M. A., Scervino, J. M., Erra-Balsells, Ocampo, J. A., e Godeas, A. M. 2004. Flavonóides de rebentos e raízes de *Trifolium repens* (trevo branco) cultivados na presença ou ausência do fungo micorrízico arbuscular *Glomus intraradices*. Phytochemistry. 65(13): 1925-1930.

319. Porcel, R., Aroca, R., Cano, C., Bago, A., e Ruiz-Lozano, J. M. 2007. Um gene do fungo micorrízico arbuscular *Glomus intraradices* que codifica uma proteína de ligação é regulado positivamente pelo stress da seca em algumas plantas micorrízicas. Botânica Ambiental e Experimental. 60(2): 251-256.

320. Posada, L. F., Alvarez, J. C., Hu, C.-H., de-Bashan, L. E., e

Bashan, Y. 2016. Construção de sonda da bactéria promotora de crescimento vegetal *Bacillus subtilis* útil para hibridização *in situ* por fluorescência. Jornal de Métodos Microbiológicos. 128: 125-129.
321. Prajapati, K., e Modi, H. A. 2016. Efeito promotor do crescimento de *Enterobacter hormaechei* (KSB-8) solubilizante de potássio em pepino (*Cucumis sativus*) em condições hidropónicas. Revista Internacional de Pesquisa Avançada em Ciências Biológicas. 3(5): 168-173.
322. Pramanik, K., Mitra, S., Sarkar, A., e Maiti, T. K. 2018. Alívio dos efeitos fitotóxicos do cádmio em mudas de arroz por estirpe de PGPR resistente ao cádmio *Enterobacter aerogenes* MCC 3092. Jornal de Materiais Perigosos. 351: 317-329.
323. Prashant, S., Makarand, R., Bhushan, C., e Sudhir, C. 2009. *Acineotobacter calcoaceticus* sideróforo isolado da rizosfera do trigo com forte atividade de PGPR. Malay J Microb. 5(1): 6-12.
324. Praveen Kumar, G., Desai, S., Leo Daniel Amalraj, D., Ahmed, M. H. SK., e Reddy, G. 2012. *Pseudomonas* spp. promotoras do crescimento de plantas de diversos agro-ecossistemas da Índia para *Sorghum bicolor* L. Journal of Biofertilizers and Biopesticides. S7(001): 1-8.
325. Przemieniecki, S. W., Kurowski, T. P., Damszel, M., Krawczyk, K., e Karwowska, A. 2018. Eficácia da cepa *Bacillus* sp. SP-A9 como agente de controle biológico para trigo de primavera (*Triticum aestivum* L.). J Agr Sci Tech. 20: 609-619.
326. Radhakrishnan, R., e Lee, I. J. 2016. *O Bacillus methylotrophicus* KE2, produtor de giberelinas, apoia o crescimento das plantas e melhora os metabolitos nutricionais e os valores alimentares da alface. Plant Physiol Biochem. 109: 181-189.
327. Rais, A., Jabeen, Z., Shair, F., Hafeez, F. Y., e Hassan, M. N. 2017. *Bacillus* spp., um agente de biocontrole, aumenta a atividade das enzimas de defesa antioxidante no arroz contra *Pyricularia oryzae*. PLOS ONE. 12: e0187412.
328. Raj, S. N., Shetty, N. P., e Shetty, H. S. 2004. A biopreparação de sementes com isolados *de Pseudomonas fluorescens* melhora o crescimento de plantas de milheto e induz resistência contra o míldio. International Journal of Pest Management. 50(1): 41-48.
329. Rajkumar, M., Bruno, L. B., e Bansu, R. 2017. Alívio do stress ambiental nas plantas: O papel de *Pseudomonas* spp. benéficas Revisões críticas em ciência e tecnologia ambiental. 47(6): 372-407.
330. Ramadoss, D., Lakkineni, V. K., Bose, P., Ali, S., e Annapurna, K. 2013. Mitigação do estresse salino em mudas de trigo por bactérias halotolerantes isoladas de habitats salinos. SpringerPlus. 2: 6.
331. Rady, M. M., e Rehman, H. U. 2016. A suplementação de bioestimulantes orgânicos em meios de cultivo aumenta o crescimento e a absorção de nutrientes de transplantes de tomate. Scientia Horticulturae. 203: 192-198.
332. Rahman, M. M., Kabir, S., Rashid, T. U., Nesa, B., Nasrin, R.,

Haque, P., e Khan, M. A. 2013. Efeito da irradiação γ nas propriedades termomecânicas e morfológicas do quitosano obtido a partir da casca do camarão: Avaliação do potencial de quitosana irradiada como estimulador de crescimento de plantas para *espinafre Malabar*. Radiation Physics and Chemistry. 82: 112-118.

333. Rahman, M., Mukta, J. A., Sabir, A. A., Gupta, D. R., Mohi-Ud-Din, M., Hasanuzzaman, M., Miah, Md. G., Rahman, M., e Islam, Md. T. 2018. O biopolímero de quitosana promove o rendimento e estimula o acúmulo de antioxidantes em frutos de morango. O biopolímero de quitosana promove o rendimento e estimula o acúmulo de antioxidantes no morango acúmulo de antioxidantes no morango. PLOS ONE. 13(9): e0203769.

334. Rajabi, M., McConnell, M., Cabral, J., e Ali, M. A. 2021. Hidrogéis de quitosana em impressão 3D para aplicações biomédicas. Polímeros de carboidratos. 260: 117768.

335. Rajkumar, M., Lee, K. J., e Freitas, H. 2008. Efeitos da quitina e do ácido salicílico na atividade de controlo biológico de *Pseudomonas* spp. contra o amortecimento do pimento. South African Journal of Botany. 74: 268-273.

336. Ren, J., Tong, J., Li, P., Huang, X., Dong, P., e Ren, M. 2021. A quitosana é um inibidor eficaz contra a podridão seca da batata causada por *Fusarium oxysporum*. Patologia Vegetal Fisiológica e Molecular. 113: 101601.

337. Rendina, N., Nuzzaci, M., Scopa, A., Cuypers, A., e Sofo, A. 2019. Respostas de defesa induzidas por quitosana em plantas de tomate infectadas com *o vírus do mosaico do pepino* (CMV). Jornal de Fisiologia Vegetal. 234-235: 9-17.

338. Rinaudo, M. 2006. Chitin and chitosan: Properties and applications. Prog Polym Sci. 31: 603-632.

339. Ritonga, H., Nurfadillah, A., Rembon, F. S., Ramadhan, L. O. A. N., e Nurdin, M. 2019. Preparação de hidrogel de quitosana-EDTA como condicionador de solo para planta de soja (*Glycine max*). Águas subterrâneas para o desenvolvimento sustentável. 9: 100277.

340. Rouphael, Y., Franken, P., Schneifer, C., Schwarz, D., Giovannetti, M., Agnolucci, M., De Pascale, S., Bonini, P., e Colla, G. 2015. Os fungos micorrízicos arbusculares atuam como bioestimulantes em culturas hortícolas. Scientia Horticulturae. 196: 91-108.

341. Rouphael, Y., Colla, G., Giordano, M., El-Nakhel, C., Kyriacou, M. C., e De Pascale, S. 2017. As aplicações foliares de um hidrolisado de proteína derivado de leguminosas provocam aumentos dependentes da dose de crescimento, composição mineral das folhas, rendimento e qualidade dos frutos em duas cultivares de tomate em estufa. Scientia Horticulturae. 226: 353-360.

342. Ru, L., Jiang, L., Wills, R. B. H., Golding, J. B., Huo, Y., Yang, H., e Li, Y. 2020. Os oligossacarídeos de quitosana induziram resistência ao resfriamento em frutos de pepino e estimulação associada da expressão de genes antioxidantes e *HSP*. Scientia Horticulturae. 264:

109187.
343. Ran, L. X., Liu, C. Y., Wu, G. J., van Loon, L. C., e Bakker, P. A. H. M. 2005. Supressão da murcha bacteriana em *Eucalyptus urophylla* por *Pseudomonas* spp. fluorescentes na China. Biological Control. 32(1): 111-120.
344. Rasul, M., Yasmin, S., Yahya, M., Breitkreuz, C., Tarkka, M., e Reitz, T. 2021. As caraterísticas promotoras do crescimento do trigo das espécies *Ochrobactrum* e *Pantoea*, responsáveis pela solubilização de diferentes fontes de P, são asseguradas por genes que codificam enzimas de múltiplas vias de libertação de P. Microbiological Research. 246: 126703.
345. Raupach, G. S., e Kloepper, J. W. 1998. As misturas de rizobactérias promotoras do crescimento das plantas melhoram o controlo biológico de vários agentes patogénicos do pepino. Phytopathology. 88: 1158-1164.
346. Recorbet, G., Valot, B., Robert, F., Gianinazzi-Pearson, e Dumas-Gaudot, E. 2010. Identificação de proteínas fúngicas micorrízicas arbusculares *expressas em plantas* após comparação dos proteomas radiculares de *Medicago truncatula* colonizados com duas espécies de *Glomus*. Fungal Genetics and Biology. 47(7): 608-618.
347. Redon, P.-O., Beguiristain, T., e Leyval, C. 2008. Influência de *Glomus intraradices* na partição de Cd numa experiência em vaso com *Medicago truncatula* em quatro solos contaminados. Biologia e Bioquímica do Solo. 40(10): 2710-2712.
348. Reiter, B., e Sessitsch, A. 2006. Endófitos bacterianos da flor silvestre *Crocus albiflorus* analisados por caraterização de isolados e por abordagem independente do cultivo. Can J Microbiol. 52: 140-149.
349. Reithner, B., Schuhmacher, R., Stoppacher, N., Pucher, M., Brunner, K., e Zeilinger, S. 2007. A sinalização através da proteína quinase activada por mitogénio Tmk1 *de Trichoderma atroviride* afecta diferencialmente o micoparasitismo e a proteção das plantas. Fungal Genetics and Biology. 44(11): 1123-1133.
350. Ren, Y., Zhou, Z., Guo, X., Li, Y., Feng, L., e Wang, L. 2010. Sequência completa do genoma de *Enterobacter cloacae* subsp. *cloacae* type strain ATCC 13047. J Bacteriol. 192: 2463-2464.
351. Reyes-Castillo, A., Gerding, M., Oyarzua, P., Zagal, E., Gerding, J., e Fischer, S. 2019. Rizobactérias promotoras do crescimento de plantas capazes de melhorar a disponibilidade de NPK: seleção, identificação e efeitos no crescimento do tomate. Revista Chilena de Pesquisa Agrícola. 79(3): 473-485.
352. Robinson-Boyer, L., Jeger, M. J., Xu, X.-M., e Jeffries, P. 2009. Gestão do moud cinzento do morangueiro utilizando misturas de agentes de biocontrolo com diferentes mecanismos de ação. Ciência e Tecnologia do Biocontrolo. 19(10): 1051-1065.
353. Rokhbakhsh-Zamin, F., Sachdev, D., Kazemi-Pour, N., Engineer, A., Pardesi, K. R., Zinjarde, S., Dhakephalkar, P. K., e Chopade, B. A. 2011. Caracterização de caraterísticas promotoras do crescimento de

plantas de espécies de *Acinetobacter* isoladas da rizosfera de *Pennisetum glaucum*. J Microbiol Biotechnol. 21: 556-566.

354. Rosa, D. R., e Herrera, C. J. L. 2009. Avaliação de *Trichoderma* spp. como agentes de biocontrolo contra a podridão branca da raiz do abacateiro. Biological Control. 51(1): 66-71.

355. Rostamikia, Y., Tabari Kouchaksaraei, M., Asgharzadeh, A., e Rahmani, A. 2017. Alocação de biomassa, troca de gás foliar e absorção de nutrientes de mudas de avelã em resposta à inoculação de *Trichoderma harzianum* e *Glomus intraradices*. Journal of Forest Science. 63(5): 219-226.

356. Ruano-Rosa, D., Arjona-Girona, I., e Lopez-Herrera, C. J. 2018. Controle integrado da podridão branca da raiz do abacate combinando baixas concentrações de fluazinam e *Trichoderma* spp. Proteção de culturas. 112: 363-370.

357. Rumbos, C., Reimann, S., Kiewnick, S., e Sikora, R. A. 2006. Interações da estirpe 251 de *Paecilomyces lilacinus* com o fungo micorrízico *Glomus intraradices*: implicações para o controlo de *Meloidogyne incognita* no tomateiro. Biocontrol Science and Technology. 16(9): 981-986.

358. Ryu, C. M., Farag, M. A., Hu, C. H., Reddy, M. S., Wei, H. X., Pare, P. W., e Kloepper, J. W. 2003. Os voláteis bacterianos promovem o crescimento em *Arabidopsis*. Proc Natl Acad Sci U.S.A. 100: 4927-4932.

359. Sabannavar, S. J., e Lakshman, H. C. 2011. Interações sinérgicas entre *Azotobacter*, *Pseudomonas* e fungos micorrízicos arbusculares em duas variedades de *Sesamum indicum* L. Communications in Soil Science and Plant Analysis. 42(17): 2122-2133.

360. Sabir, A., Naveed, M., Bashir, M. A., Hussain, A., Mustafa, A., Zahir, Z. A., Kamran, M., Ditta, A., Nunez-Delgado, A., Saeed, Q., e Qadeer, A. 2020. Impactos fitotóxicos mediados por cádmio em *Brassica napus*: Gerenciando o crescimento, distúrbios fisiológicos e oxidativos através do uso combinado de biochar e *Enterobacter* sp. MN17. Journal of Environmental Management. 265: 110522.

361. Sachdev, D., Nema, P., Dhakephalkar, P., Zinjarde, S., e Chopade, B. 2010. Avaliação da diversidade filogenética baseada no gene 16S rRNA e caraterísticas promissoras de promoção do crescimento de plantas da comunidade *Acinetobacter* da rizosfera do trigo. Microbiological Research 165: 627-638.

362. Saeid, A., Prochownik, E., e Dobrowolska-Iwanek, J. 2018. Solubilização de fósforo por espécies de *Bacillus*. Moléculas. 23: 2897.

363. Safronova, V. I., Stepanok, V. V., Engqvist, G. L., Alekseyev, Y. V., e Belimov, A. A. 2006. Bactérias associadas à raiz que contêm 1-aminociclopropano-1-carboxilato desaminase melhoram o crescimento e a absorção de nutrientes por genótipos de ervilha cultivados em solo suplementado com cádmio. Biol Fertil Soils. 42: 267-272.

364. Saha, M., Maurya, B. R., Meena, V. S., Bahadur, I., e Kumar, A. 2016. Identificação e caraterização de bactérias solubilizadoras de

potássio (KSB) das planícies indo-gangéticas da Índia. Biocatal Agric Biotechnol. 7: 202-209.
365. Saikia, R., Srivastava, A. K., Singh, K., Arora, D. K., e Lee, M.-W. 2005. Effect of iron availability on induction systemic resistance to *Fusarium* wilt of chickpea by *Pseudomonas* spp. Mycobiology. 33(1): 35-40.
366. Samaddar, S., Chatterjee, P., Choudhury, A. R., Ahmed, S., e Sa, T. 2019. Interações entre *Pseudomonas* spp. e seu papel na melhoria do crescimento da planta de pimenta vermelha sob estresse de salinidade. Pesquisa Microbiológica. 219: 66-73.
367. Samaniego-Gamez, B. Y., Garruna, R., Tun-Suarez, J. M., Kantun-Can, J., Reyes-Ramirez, A., e Cervantes-Diaz, L. 2016. *Bacillus* spp. inoculado melhora a eficiência do fotossistema II e aumenta a fotossíntese em plantas de pimenta. Revista Chilena de Pesquisa Agrícola. 76(4): 409-416.
368. Samarzija, D., e Zamberlin, S. 2020. Bactérias psicrotróficas: *Pseudomonas* spp. Módulo de Referência em Ciência Alimentar. DOI: 10.1016/B978-0-08-100596-5.23045-X
369. Sanchez, A. D., Ousset, M. J., e Sosa, M. C. 2019. Controle biológico da podridão do colarinho de *Phytophthora* da pera usando cepas regionais *de Trichoderma* com múltiplos mecanismos. Controlo Biológico. 135: 124-134.
370. Sandani, H. B. P., Ranathunge, N. P., Lakshman, P. L. N., e Weerakoon, W. M. W. 2019. Potencial de biocontrole de cinco cepas *de Burkholderia* e *Pseudomonas* contra *Colletotrichum truncatum* infectando pimenta malagueta. Ciência e Tecnologia do Biocontrolo. 29(8): 727-745.
371. Sandhya, V., Ali, S. K. Z., Minakshi, G., Reddy, G., e Venkateswarlu, B. 2009. Alívio dos efeitos do stress da seca em plântulas de girassol pela estirpe GAP-P45 *de Pseudomonas putida* produtora de exopolissacáridos. Biol Fertil Soils. 46: 17-26.
372. Sandhya, V., Ali, Sk. Z., Grover, M., Reddy, G., e Venkateswarlu, B. 2010. Efeito de *Pseudomonas* spp. promotoras do crescimento de plantas em solutos compatíveis, estado antioxidante e crescimento de plantas de milho sob stress de seca. Regulação do crescimento das plantas. 62: 21-30.
373. Sandilya, S. P., Bhuyan, P. M., Nageshappa, V., Gogoi, D. K., e Kardong, D. 2017. Impacto de *Pseudomonas aeruginosa* MAJ PIA-3 afetando o crescimento e a produção de fitonutrientes da mamona, uma planta hospedeira primária de *Samia ricini*. Revista de Ciência do Solo e Nutrição de Plantas. 17(2): 499-515.
374. Sarkar, A., Ghosh, P. K., Pramanik, K., Mitra, S., Soren, T., Pandey, S., Mondal, M. H., e Maiti, T. K. 2018. Um *Enterobacter* sp. halotolerante exibindo atividade de ACC deaminase promove o crescimento de mudas de arroz sob estresse salino. Pesquisa em Microbiologia. 169(1): 20-32.
375. Savazzini, F., Longa, C. M. O., e Pertot, I. 2009. Impacto do

agente de biocontrolo *Trichoderma atroviride* SC1 nas comunidades microbianas do solo de uma vinha no norte de Itália. Soil Biology and Biochemistry. 41: 1457-1465.

376. Savory, E. A., Fuller, S. L., Weisberg, A. J., Thomas, W. J., Gordon, M. I., Stevens, D., Creason, A. L., Belcher, M. S., Serdani, M., Wiseman, M. S., Grunwald, N. J., Putnam, M. L., e Chang, J. H. 2017. Transições evolutivas entre *Rhodococcus* benéficos e fitopatogénicos desafiam a gestão de doenças. eLife. 6(e30925): 1-28.

377. Saxena, A. K., Kumar, M., Chakdar, H., Anuroopa, N., e Bagyaraj, D. J. 2019. Espécies *de Bacillus* no solo como um recurso natural para a saúde das plantas. Jornal de Microbiologia Aplicada. 128: 1583-1594.

378. Scagel, C. F. 2003. A pasteurização do solo e a inoculação com *Glomus intraradices* altera a produção de flores e a composição dos bolbos de *Zephyranthes* spp. The Journal of Horticultural Science and Biotechnology. 78(6): 798-812.

379. Scervino, J. M., Ponce, M. A., Erra-Bassells, R., Vierheilig, H., Ocampo, J. A., e Godeas, A. 2005. Colonização micorrízica arbuscular do tomateiro por espécies de *Gigaspora* e *Glomus* na presença de flavonóides radiculares. Journal of Plant Physiology. 162(6): 625-633.

380. ScHubert, M., Mourad, S., Fink, S., e Schwarze, F. W. M. R. 2009. Respostas ecofisiológicas do agente de biocontrolo *Trichoderma atroviride* (T-15603.1) a parâmetros ambientais combinados. Biological Control. 49(1): 84-90.

381. Seenivasan, N., David, P. M. M., Vivekanandan, P., e Samiyappan, R. 2012. Controlo biológico do nemátodo das galhas do arroz, *Meloidogyne graminicola*, através da mistura de estirpes *de Pseudmonas fluorescens*. Ciência e Tecnologia de Biocontrolo. 22(6): 611-632.

382. Selvaraj, A., Thangavel, K., e Uthandi, S. 2020. Os fungos micorrízicos arbusculares (*Glomus intraradices*) e a bactéria diazotrófica (*Rhizobium BMBS*) prepararam a defesa em blackgram contra a infestação de insetos herbívoros (*Spodoptera litura*). Microbiological Research. 231: 126355.

383. Sendhilvel, V., Marimuthu, T., e Samiappan, R. 2007. Formulação à base de talco de genes de defesa *induzidos por Pseudomonas fluorescens* contra o oídio da videira. Archives of Phytopathology and Plant Protection. 40(2): 81-89.

384. Serfoji, P., Rajeshkumar, S., e Selvaraj, T. 2010. Gestão do nemátodo das galhas, *Meloidogyne incognita*, no tomate cv Pusa Ruby. utilizando vermicomposto, fungo AM, *Glomus aggregatum* e bactéria auxiliar de micorriza, *Bacillus coagulans*. J Agric Technol. 6: 37-45.

385. Shabbir, I., Abd Samad, M. Y., Othman, R., Wong, M.-Y., Sulaiman, Z., Jaafar, N. Md., e Bukhari, S. A. H. 2021. Avaliação da bioformulação de *Enterobacter* sp. UPMSSB7 e micorrizas com silício para supressão da doença da podridão radicular branca e promoção do crescimento de mudas de borracha inoculadas com *Rigidoporus*

microporus. Biological Control. 152: 104467.
386. Shaharoona, B., Arshad, M., Zahir, Z. A., e Khalid, A. 2006. Desempenho de *Pseudomonas* spp. contendo ACC-deaminase para melhorar o crescimento e o rendimento do milho (*Zea mays* L.) na presença de fertilizante azotado. Biologia e Bioquímica do Solo. 38(9): 2971-2975.
387. Shahrajabian, M. H., e Soleymani, A. 2017. Respostas de índices fisiológicos de sorgo forrageiro sob diferentes populações de plantas em vários tratamentos de fertilizantes nitrogenados. Revista Internacional de Ciência das Plantas e do Solo. 15(2): 1-8.
388. Shahrajabian, M. H., Chaski, C., Polyzos, N., e Petropoulos, S. A. 2021a. Aplicação de bioestimulantes: Uma ferramenta de gestão de culturas de baixo consumo para a agricultura sustentável de vegetais. Biomolecules. 11(5): 698.
389. Shahrajabian, M. H., Chaski, C., Polyzos, N., Tzortzakis, N., e Petropoulos, S. A. 2021b. Sistemas de agricultura sustentável na produção de vegetais usando quitina e quitosana como bioestimulantes vegetais. Biomolecules. 11(6): 819.
390. Shakeel, M., Rais, A., Hassan, M. N., e Hafeez, F. Y. 2015. *Bacillus* sp. associado à raiz melhora o crescimento, o rendimento e a translocação de zinco para variedades de arroz basmati (*Oryza sativa*). Front Microbiol. 6: 1286.
391. Sharma, S. B., Sayyed, R. Z., Trivedi, M. H., e Gobi, T. A. 2013. Micróbios solubilizadores de fosfato: abordagem sustentável para gerir a deficiência de fósforo em solos agrícolas. Sprigerplus. 2: 587.
392. Shetty, K., Curtis, O. F., Levin, R. E., Witkowsky, R., e Ang, W. 1995. Prevention of vitrification associated with in vitro shoot culture of oregano (*Origanum vulgare*) by *Pseudomonas* spp. Journal of Plant Physiology. 147(3-4): 447-451.
393. Shetty, K., Carpenter, T. L., Curtis, O. F., e Potter, T. 1996. Redução da hiper-hidricidade de culturas de tecidos de orégãos (*Origanum vulgare*) por polissacárido extracelular isolado de *Pseudomonas* spp. Plant Science. 120(2): 175-183.
394. Shi, K., Dai, X., Fan, X., Zhang, Y., Chen, Z., e Wang, G. 2020. Remoção simultânea de cromato e arsenito pela bactéria *Enterobacter* imobilizada em combinação com reagentes químicos. Chemosphere. 259: 127428.
395. Shim, J., Babu, A. G., Velmurugan, P., Shea, P. K., e Oh, B.-T. 2014. *Pseudomonas fluorescens* JH 70-4 promove a estabilização de Pb e o crescimento inicial de mudas de grama do Sudão em solo contaminado de mineração. Tecnologia Ambiental. 35(20): 2589-2596.
396. Shuai, W., Wu, H., Qiao, J., Ma, L., Liu, J., Xia, Y., e Gao, X. 2009. Mecanismo molecular de promoção do crescimento das plantas e resistência sistémica induzida ao vírus do mosaico do tabaco por *Bacillus* spp. Journal of Microbiology and Biotechnology. 19(10): 1250-1258.
397. Siani, N. G., Fallah, S., Pokhrel, L. R., e Rostamnejadi, A. 2017. Melhoria natural da toxicidade das nanopartículas de óxido de zinco no

feno-grego (*Trigonella foenum-gracum*) pela secreção de glomalina por micorrizas arbusculares (*Glomus intraradices*). Fisiologia e Bioquímica de Plantas. 112: 227-238.

398. Siddiqui, Z. A., Qureshi, A., e Akhtar, M. S. 2009. Biocontrolo do nemátodo das galhas *Meloidogyne incognita* por isolados *de Pseudomonas* e *Bacillus* em *Pisum sativum*. Archives of Phytopathology and Plant Protection. 42(12): 1154-1164.

399. Sigida, E. N., Kargapolova, K. Y., Shashkov, A. S., Zdorovenko, E. L., Ponmaryova, T. S., Meshcheryakova, A. A., Tkachenko, O. V., Burygin, G. L., e Knirel, Y. A. 2020. Estrutura, aglomerado de genes do antigénio O e atividade biológica do lipopolissacárido da bactéria rizosférica *Ochrobactrum cytisi* IPA7.2. International Journal of Biological Macromolecules. 154: 1375-1381.

400. Singh, P., e Siddiqui, Z. A. 2010. Biocontrolo do nemátodo das galhas *Meloidogyne incognita* pelos isolados de *Pseudomonas* no tomate. Arquivos de Fitopatologia e Proteção das Plantas. 43(14): 1423-1434.

401. Singh, D., Rajawat, M. V. S., Kaushik, R., Prasanna, R., e Saxena, A. K. 2017. Papel benéfico dos endófitos na biofortificação de Zn em genótipos de trigo que variam em eficiência de uso de nutrientes cultivados em solos suficientes e deficientes em Zn. Solo vegetal. 416: 107-116.

402. Singh, S. P., Pandey, S., Mishra, N., Giri, V. P., Mahfooz, S., Bhattacharya, A., Kumari, M., Chauhan, P., Verma, P., Nautiyal, C. S., e Mishra, A. 2019. A suplementação de *Trichoderma* melhora a alteração da alocação de nutrientes e a expressão de genes transportadores no arroz sob deficiências nutricionais. Fisiologia e Bioquímica Vegetal. 143: 351-363.

403. Sipahutar, M. K., e Vangnai, A. S. 2017. Papel do *Ochrobactrum* sp. MC22, promotor do crescimento vegetal, na degradação do triclocarban e na mitigação da toxicidade para as plantas leguminosas. Journal of Hazardous Materials. 329: 38-48.

404. Soleymani, A., Shahrajabian, M. H., e Khoshkharam, M. 2016. O impacto da gestão dos resíduos de cevada e da lavoura no milho forrageiro. Investigação Agrícola Romena. 33: 161-167.

405. Sood, M., Kapoor, D., Kumar, V., Sheteiwy, M. S., Ramakrishnan, M., Landi, M., Araniti, F., e Sharma, A. 2020. *Trichoderma*: Os "segredos" de um agente de biocontrolo multitalentoso. Plants. 9(762): 1-25.

406. Spaepen, S., Vanderleyden, J., e Remans, R. 2007. Indole-3-acetic acid in microbial and microorganism-plant signaling. FEMS Microbiol Rev. 31: 425-448.

407. Stassinos, P. M., Rossi, M., Borromeo, I., Capo, C., Beninati, S., e Forni, C. 2021. Melhoria da tolerância ao estresse salino em cultivares de colza (*Brassica napus*) por inoculação de sementes com *Arthrobacter globiformis*. Plant Biosystems- An International Journal of Dealing with all Aspects of Plant Biology. DOI: 10.1080/11263504.2020.1857872

408. Stefan, M., Munteanu, N., e Mihasan, M. 2013. A aplicação de rizobactérias promotoras do crescimento de plantas ao feijão-guandu aumenta o rendimento de carboidratos e proteínas das sementes. Analele Stiintifice ale Universitatii "Al. I. Cuza" Din lasi. (SerieNoua). Sectiunea 2. a. Geneticasi Biologie Moleculara. 14: 29-36.
409. Subhashini, D. V., e Padmaja, K. 2011. Potencial de *Pseudomonas* solubilizadoras de fosfato como biofungicida. Archives of Phytopathology and Plant Protection. 44(11): 1041-1045.
410. Subramanian, K. S., Tenshia, V., Jayalakshmi, K., e Ramachandran, V. 2009. Alterações bioquímicas e fracções de zinco em solos inoculados e não inoculados com fungos micorrízicos arbusculares (*Glomus intraradices*) sob fertilização diferencial com zinco. Applied Soil Ecology. 43(1): 32-39.
411. Sudova, R., Pavlikova, D., Macek, T., e Vosatka, M. 2007. O efeito do quelato EDDS e da inoculação com o fungo micorrízico arbuscular *Glomus intraradices* na eficácia da fitoextracção de chumbo por dois clones de tabaco. Applied Soil Ecology. 35(1): 163-173.
412. Sumayo, M., Hahm, M.-S., e Ghim, S.-Y. 2013. Determinantes do *Ochrobactrum lupini* KUDC1013 promotor de crescimento vegetal envolvidos na indução de resistência sistémica contra *Pectobacterium carotovorum* subsp. *carotovorum* em folhas de tabaco. The Plant Pathology Journal. 29(2): 174-181.
413. Sun, S, Bi, X., Yang, B., Zhang, W., Zhang, X., Sun, S., Xiao, J., Yang, Y., e Huang, Z. 2021. Remoção de nitrito por *Acinetobacter* sp. TX: um candidato para conter a emissão de N_2 O. Tecnologia Ambiental. DOI: 10.1080/09593330.2021.1874543
414. Sun, W., Shahrajabian, M. H., e Cheng, Q. 2021a. Fixação de nitrogênio e diazotróficos - Uma revisão. Cartas Biotecnológicas Romenas. 26(4): 2834-2845.
415. Sun, W., Shahrajabian, M. H., e Cheng, Q. 2021b. Archaea, bactérias e térmitas, fixação de azoto e produção sustentável de plantas. Notulae Botanicae Horti Agrobotanici Cluj-Napoca. 49(2): 1-32.
416. Surette, M. A., Sturz, A. V., Lada, R. R., e Nowak, J. 2003. Endófitos bacterianos em cenouras de processamento (*Daucus carota* L. var. *sativus*): sua localização, densidade populacional, biodiversidade e seus efeitos no crescimento da planta. Plant Soil. 253: 381-390.
417. Suri, V. K., e Choudhary, A. K. 2013. As interações de bactérias solubilizadoras de glicina-Glomus-Fosfato levam à economia de fósforo de fertilizantes na soja em um alfisol ácido do Himalaia. Comunicações em Ciência do Solo e Análise de Plantas. 44(20): 3020-3029.
418. Szczech, M., Nawrocka, J., Felczynski, K., Malolepsza, U., Sobolewski, J., Kowalska, V., Maciorowski, R., Jas, J., e Kancelista, A. 2017. O isolado TRS25 de *Trichoderma atroviride* reduz o míldio e induz respostas sistémicas de defesa no pepino em condições de campo. Scientia Horticulturae. 224: 17-26.
419. Szilagyi-Zecchin, V. J., Ikeda, A. C., Hungria, M., Adamoski, D., Kava-Cordeiro, V. K., Glienke, C., e Galli-Terasawa, L. V. 2014.

Identificação e caraterização de bactérias endofíticas de raízes de milho (*Zea mays* L.) com potencial biotecnológico na agricultura. AMB Express. 4: 1-9.
420. Szpakowska, N., Kowalczyk, A., Jafra, S., e Kaczynski, Z. 2020. A estrutura química dos polissacarídeos isolados do *Ochrobactrum rhizosphaerae* PR17^{T} . Carbohydrate Research. 497: 108136.
421. Taghavi, S., Van der Lelie, D., Hoffman, D. A., Zhang, Y. B., Walla, M. D., Vangronsveld, L. J., e Newman, S. 2010. Monchy, sequência do genoma da bactéria endofítica *Enterobacter* sp. promotora do crescimento das plantas. PLOS Genet. 638(6): e1000943.
422. Tahir, M. M., Khurshid, M., Khan, M. Z., Abbasi, M. K., e Kazmi, M. H. 2011. Efeito do ácido húmico derivado de lignite no crescimento de plantas de trigo em diferentes solos. Pedosphere. 21(1): 124-131.
423. Tahir, H. A., Gu, Q., Wu, H., Raza, W., Hanif, A., Wu, L., Colman, M. V., e Gao, X. 2017. Promoção do crescimento vegetal por compostos orgânicos voláteis produzidos por *Bacillus subtilis* SYST2. Fronteiras em Microbiologia. 8: 171.
424. Tahmatsidou, V., Sullivan, J., Cassells, A. C., Voyiatzis, D., e Paroussi, G. 2006. Comparação de inoculantes AMF e PGPR para a supressão da murcha de *Verticillium* do morango (*Fragaria* × *ananassa* cv Selva). Appl Soil Ecol. 32: 316-324.
425. Tajini, F., Trabelsi, M., e Drevon, J.-J. 2012. A inoculação combinada com *Glomus intraradices* e *Rhizobium tropici* CIAT899 aumenta a eficiência da utilização de fósforo para a fixação simbiótica de azoto no feijão comum (*Phaseolus vulgaris* L.). Saudi Journal of Biological Sciences. 19: 157-163.
426. Thilagar, G., Bagyaraj, D. J., e Rao, M. S. 2016. Consórcios microbianos selecionados desenvolvidos para o frio reduzem a aplicação de fertilizantes químicos em 50% em condições de campo. Sci Hort. 198: 27-35.
427. Tian, L., Shi, S., Ma, L., Zhou, X., Luo, S., Zhang, J., Lu, B., e Tian, C. 2019. O efeito de *Glomus intraradices* nas propriedades fisiológicas do *Panax ginseng* e na diversidade microbiana rizosférica. Journal of Ginseng Research. 43: 77-85.
428. Tiyagi, S. A., Mahmood, I., Khan, Z., e Ahmad, H. 2011. Controlo biológico de nemátodos patogénicos do solo que infectam o feijão-mungo utilizando *Pseudomonas fluorescens*. Archives of Phytopathology and Plant Protection. 44(18): 1770-1778.
429. Tiwari, S., Lata, C., Chauhan, P. S., e Nautiyal, C. S. 2016. *Pseudomonas putida* attunes morphophysiological, biochemical and molecular responses in *Cicer arietinum* L. during drought stress and recovery. Plant Physiology and Biochemistry. 99: 108-117.
430. Tommalieh, M. J. 2021. Caracterização da condutividade elétrica de Chitosan/Poly (álcool vinílico) dopado por nanopartículas de óxido de bismuto. Composites Communications. 25: 100692.
431. Tovar, G. I., Briceno, S., Suarez, J., Flores, S., e Gonzalez, G. 2020. Síntese biogênica de nanopartículas de óxido de ferro utilizando

Moringa oleifera e quitosana e sua avaliação na germinação do milho. Nanotecnologia Ambiental, Monitoramento e Gestão. 14: 100350.

432. Trzcinska, A., Bogusiewic, A., Szkop, M., e Drozdowski, S. 2015. Efeito do quitosano no controlo de doenças e no crescimento do pinheiro silvestre (*Pinus sylvestris* L.) num viveiro florestal. Forest. 6: 3165-3176.

433. Turan, V. 2019. Desempenho confiante de quitosana e casca de pistache biochar na redução da biodisponibilidade de Ni no solo e na planta, além de melhorar as atividades enzimáticas do solo, o sistema de defesa antioxidante e a qualidade nutricional da alface. Ecotoxicologia e Segurança Ambiental. 183: 109594.

434. Turk, H. 2019. A expressão aumentada induzida por quitosana e a ativação da oxidase alternativa conferem tolerância ao estresse salino em mudas de milho. Fisiologia e Bioquímica de Plantas. 141: 415-422.

435. Tripathi, A. K., Verma, S. C., Chowdhury, S. P., Lebuhn, M., Gattinger, A., e Schloter, M. 2006. *Ochrobactrum oryzae* sp. nov., e espécies bacterianas endofíticas isoladas de arroz de águas profundas na Índia. Int J Syst Evol Microbiol. 56: 1677-1680.

436. Trivedi, P., Pandey, A., e Sa, T. 2007. Actividades de redução de cromatos e de promoção do crescimento de plantas de *Rhodococcus erythropolis* MtCC 7905 psicrotrófico. Journal of Basic Microbiology. 47(6): 513-517.

437. Trujillo, M. E., Willems, A., abril, A., Planchuelo, A. M., Rivas, R., Ludena, D., Mateos, P. F., Martinez-Molina, R., e Velazquez, E. 2005. Nodulação de *Lupinus albus* por estirpes de *Ochrobactrum lupine* sp. nov. Appl Environ Microbiol. 71: 1318-1327.

438. Ullah, A., Farooq, M., e Hussain, M. 2020. Melhoria da produtividade, rentabilidade e qualidade do grão de bico *Kabuli* com a co-aplicação de zinco e bactérias endófitas *Enterobacter* sp. MN17. Arquivos de Agronomia e Ciência do Solo. 66(7): 897-912.

439. Usuki, F., e Narisawa, K. 2007. Uma simbiose mutualística entre um fungo endofítico de septos escuros, *Heteroconium chaetospira*, e uma planta não micorrízica, a couve chinesa. Mycologia. 99(2): 175-184.

440. Vaid, S. K., Kumar, B., Sharma, A., Shukla, A. K., e Srivastava, P. C. 2014. Efeito das bactérias solubilizadoras de zinco na promoção do crescimento e na nutrição de zinco do arroz. Jornal de Ciência e Nutrição de Plantas. 14(4): 889-910.

441. Vaingankar, J. D., e Rodrigues, B. F. 2015. Efeito da inoculação micorrízica arbuscular (AM) no crescimento e floração em *Crossandra infundibuliformis* (L.) Nees. Journal of Plant Nutrition. 38(10): 1478-1488.

442. Valderrama, A., Jacinto, C., Lay, J., Flores, Y., Zavaleta, D., e Delfin, A. R. 2020. Projeto fatorial para a preparação de nanopartículas de quitosana e seu uso para carregamento e liberação controlada de ácido indol-3-acético com efeito em culturas hidropônicas de alface. Biocatálise e Biotecnologia Agrícola. 26: 101640.

443. Vanti, G. L., Masaphy, S., Kurjogi, M., Chakrasali, S., e Nargund, V. B. 2020. Síntese e aplicação de nanopartículas de quitosana-cobre no

amortecimento de fungos fitopatogénicos causadores de plantas. Jornal Internacional de Macromoléculas Biológicas. 156: 1387-1395.

444. Vurukonda, S. S., Vardharajula, S., Shrivastava, M., e Skz, A. 2016. Aumento da tolerância ao estresse hídrico em culturas por rizobactérias de promoção do crescimento de plantas. Microbiological Research. 184: 13-24.

445. Vardharajula, S., Zulfikar, S. A., Grover, M., Reddy, G., e Bandi, V. 2011. *Bacillus* spp., tolerante à seca e promotor do crescimento das plantas: efeito no crescimento, nos osmólitos e no estado antioxidante do milho sob stress hídrico. Journal of Plant Interactions. 6(1): 1-14.

446. Vega, F. E., Pava-Ripoll, M., Posada, F., e Buyer, J. S. 2005. Bactérias endofíticas em *Coffea arabica* L. J Basic Microbiol. 45: 371-380.

447. Vereecke, D., Zhang, Y., Francis, I. M., Lambert, P. Q., Venneman, J., Stamler, R. A., Kilcrease e Randall, J. J. 2020. Insights genômicos funcionais sobre a patogenicidade, a aptidão do habitat e os mecanismos que modificam o desenvolvimento da planta de *Rhodococcus* sp. PBTS1 e PBTS2. Frontiers in Microbiology. 11(14): 1-23.

448. Verma, P., Yadav, A. N., Khannam, K. S., Panjiar, N., Kumar, S., Saxena, A. K., e Suman, A. 2015. Avaliação da diversidade genética e atributos de promoção do crescimento vegetal de bactérias psicrotolerantes aliadas ao trigo (*Triticum aestivum*) da zona das colinas do norte da Índia. Ann Microbiol. 65: 1885-1899.

449. Villagrasa, E., Ballesteros, B., Obiol, A., Millach, L., Esteve, I., e Sole, A. 2020. Análise multiabordagem para avaliar a imobilização de crómio (III) por *Ochrobactrum anthropi* DE2010. Chemosphere. 238: 124663.

450. Visen, A., Bohra, M., Singh, P. N., Srivastava, P. C., Kumar, S., Sharma, A. K., e Chakraborty, B. 2017. Duas cepas de pseudomonas facilitam a micorrização AMF de litchi (*Litchi chinensis* Sonn.) e melhoram a absorção de fósforo. Rhizosphere. 3(1): 196-202.

451. Viswanathan, R., e Samiyappan, R. 2008. A bioformulação de *Pseudomonas* spp. fluorescentes induz resistência sistémica contra a podridão vermelha e aumenta o rendimento comercial de açúcar na cana-de-açúcar. Archives of Phytopathology and Plant Protection. 41(5): 377-388.

452. Vivas, A., Marulanda, A., Ruiz-Lozano, J. M., Barea, J. M., e Azcon, R. 2003. Influência de um *Bacillus* sp. nas actividades fisiológicas de dois fungos micorrízicos arbusculares e nas respostas das plantas ao stress hídrico induzido por PEG. Mycorrhiza. 13: 249-256.

453. Volpiano, C. G., Sant anna, F. H., Ambrosini, A., Lisboas, B. B., Vargas, L. K., e Passaglia, L. M. P. 2019. Reclassificação de *Ochrobactrum lupini* como um sinônimo heterotípico posterior de *Ochrobactrum anthropi* com base na análise da sequência do genoma completo. Int J Syst Evol Microbiol. 69: 2312-2314.

454. Vullo, D. L., Coto, C. E., e Sineriz, F. 1991. Caraterísticas de uma

inulase produzida por *Bacillus subtilis* 430A, uma estirpe isolada da rizosfera de *Vernonia herbacea* (Vell Rusby). Appl Environ Microbiol. 57: 2392-2394.
455. Wan, J., Zhang, X.-C., e Stacey, G. 2008. Chitin signaling and plant disease resistance (Sinalização de quitina e resistência a doenças em plantas). Sinalização e comportamento das plantas. 3(10): 831-833.
456. Wang, W., Li, S., Zhao, X., Du, Y., e Lin, B. 2008. O oligochitosan induz a morte celular e a acumulação de peróxido de hidrogénio em células de suspensão de tabaco. Pesticide Biochemistry and Physiology (Bioquímica e Fisiologia de Pesticidas). 90(2): 106-113.
457. Wang, M., Chen, Y., Zhang, R., Wang, W., Zhao, X., Du, Y., e Yin, H. 2015. Efeitos dos oligossacarídeos de quitosana nos componentes do rendimento e na qualidade da produção de diferentes cultivares de trigo (*Triticum aestivum* L.) no noroeste da China. Pesquisa de Culturas de Campo. 172: 11-20.
458. Wang, Y., Li, B., Zhang, X., Peng, N., Mei, Y., e Liang, Y. 2017. A quitosana de baixo peso molecular é um agente antifúngico eficaz contra *Botryosphaeria* sp. e agente conservante para frutas de pera (*Pyrus*). Int J Biol Macromol. 95: 1135-1143.
459. Wang, X., Zheng, K., Cheng, W., Li, J., Liang, X., Shen, J., Dou, D., Yin, M., e Yan, S. 2021. Aplicação de campo de quitosana fornecida por polímero estelar para amplificar a defesa da planta contra a requeima da batata. Chemical Engineering Journal. 417: 129327.
460. Wang, W., Zhang, Y., Yang, Z., He, Q. 2021. Efeito da incorporação com óleo essencial de cravo (*Eugenia caryophyllata*) (CEO) no desempenho geral do quitosano como revestimento ativo. Jornal Internacional de Macromoléculas Biológicas. 166: 578-586.
461. Wamberg, C., Christensen, S., Jakobsen, I., Muller, A. K., e Sorensen, S. J. 2003. O fungo micorrízico (*Glomus intraradices*) afecta a atividade microbiana na rizosfera de plantas de ervilha (*Pisum sativum*). Biologia e Bioquímica do Solo. 35(10): 1349-1357.
462. Wang, X. S. 2013. Remoção de Cd (II) por *Arthrobacter protophormiae* biomss marinho: caraterização do mecanismo e desempenho de adsorção. Dessalinização e Tratamento de Água. 51(40-42): 7710-7720.
463. Wang, M., Ma, J., Fan, L., Fu, K., Yu, C., Gao, J., Li, Y., e Chen, J. 2015. Controlo biológico do míldio da folha do milho do sul por *Trichoderma atroviride* SG3403. Ciência e Tecnologia de Biocontrolo. 25(10): 1133-1146.
464. Waranusantigul, P., Lee, H., Kruatrachue, M., Pokethitiyook, P., e Auesukaree, C. 2011. Isolamento e caraterização de *Ochrobactrum intermedium* tolerante ao chumbo e seu papel no aumento da acumulação de chumbo por *Eucalyptus camaldulensis*. Chemosphere. 85(4): 584-590.
465. Warhurst, A. M., e Dewson, C. A. 1994. Biotransformações catalisadas pelo género *Rhodococcus*. Critical Reviews in Biotechnology. 14(1): 29-73.

466. Wei, H., Wu, M., Fan, A., e Su, H. 2020. Produção de proteínas recombinantes no fungo filamentoso *Trichoderma*. Jornal Chinês de Engenharia Química. DOI: 10.1016/j.cjche.2020.11.006
467. Weisany, W. 2018. *Glomus intraradices* (N.C. Schenck & G.S. Sm.) C. Walker & A. Schuessle aumenta a absorção de nutrientes, clorofila e conteúdo e composição de óleo essencial em *Anethum graveolens* L. Ata Agriculturae Slovenica. 111(2): 303-313.
468. Win, K. T., Tanaka, F., Okazaki, K., e Ohwaki, Y. 2018. O endofítico que expressa a ACC deaminase *Pseudomonas* spp. aumenta a tolerância ao estresse de NaCl, reduzindo a produção de etileno relacionada ao estresse, resultando em melhor crescimento, desempenho fotossintético e equilíbrio iônico em plantas de tomate. Plant Physiology and Biochemistry. 127: 599-607.
469. Woo, O. G., Kim, H., Kim, J. S., Keum, H. L., Lee, K. C., Sul, W. J., e Lee, J. H. 2020. A cepa GOT9 de *Bacillus subtilis* confere maior tolerância aos estresses de seca e sal em *Arabidopsis thaliana* e *Brassica campestris*. Plant Physiol Biochem. 148: 359-367.
470. Wu, M., Li, X., Zhang, H., Cai, Y., e Zhang, C. 2010. Efeitos do metamidofos na estrutura da comunidade, antagonismo em relação a *Rhizoctonia solani* e diversidade *phlD* de *Pseudomonas* do solo. Journal of Environmental Science and Health, Parte B. 45(3): 222-228.
471. Wu, H.-G., Liu, W.-S., Zhu, M., e Li, X.-X. 2018. Pesquisa e análise de 74 casos de infeção da corrente sanguínea de *Acinetobacter baumannii* e resistência a medicamentos. European Review for Medical and Pharmacological Sciences. 22: 1782-1786.
472. Wu, J., Ming, Q., Zhai, X., Wang, S., Zhang, Q., Xu, Y., Shi, S., Wang, S., Zhang, Q., Han, T. e Qin, L. 2019. Estrutura de um polissacarídeo de *Trichoderma atroviride* e sua promoção na produção de tanshinones em raízes peludas *de Salvia miltiorrhiza*. Carbohydrate Polymers. 223: 115125.
473. Wuczkowski, M., Druzhinina, I., Gherbawy, Y., Klug, B., Prillinger, H., e Kubicek, C. P. 2003. Species pattern and genetic diversity of *Trichoderma* in a mild-European, primeval floodplain-forest. Microbiological Research. 158: 125-133.
474. Wulff, E. G., Mguni, C. M., Mansfeld-Giese, K., Fels, J., Lubeck, M., e Hockenhull, J. 2002. Biochemical and molecular characterization of *Bacillus amyloliquefaciens*, *B. subtilis* and *B. pumilus* isolates with distinct antagonistic potential against *Xanthomonas campestris* pv. *campestris*. Plant Pathol. 51(5): 574-584.
475. Xiao, M., Fu, X., Wei, X., Chi, Y., Gao, W., Yu, Y., Liu, Z., Zhu, C., e Mou, H. 2021. Caracterização estrutural de dissacarídeos contendo fucose preparados a partir de exopolissacarídeos de *Enterobacter sakazakii*. Carbohydrate Polymers. 252: 117139.
476. Xie, S. S., Wu, H. J., Zang, H. Y., Wu, L. M., Zhu, Q. Q., e Gao, X. W. 2014. Promoção do crescimento da planta por *Bacillus subtilis* OKB105 produtor de espermidina. Mol Plant Microbe Interact. 27: 655-663.

477. Xu, M., Sheng, J., Chen, L., Men, Y., Gan, L., Guo, S., e Shen, L. 2014. Composições da comunidade bacteriana de sementes de tomate (*Lycopersicum esculentum* Mill.) e atividade de promoção do crescimento de plantas de *Bacillus subtilis* (HYT-12-1) produtor de ACC deaminase em mudas de tomate. World J Microbiol Biotechnol. 30: 835-845.
478. Xu, S., Liu, Y., Wang, J., Yin, T., Han, Y. W., Wang, X., e Huang, Z. 2015. Isolamento e potencial de *Ochrobactrum* sp. NW-3 para aumentar o crescimento do pepino. Revista Internacional de Política e Pesquisa Agrícola. 3(9): 341-350.
479. Xu, Z., Wang, D., Tang, W., Wang, L., Li, Q., Lu, Z., Liu, H., Zhong, Y., He, T., e Guo, S. 2020. Fitorremediação de solo poluído com cádmio assistida por colonização *de Enterobacter cloacae* aprimorada por D-gluconato na rizosfera de *Solanum nigrum* L.. Science of The Total Environment. 732: 139265.
480. Xue, Q.-Y., Chen, Y., Li, S.-M., Chen, L.-F., Ding, G.-C., Guo, D.-W., e Guo, J.-H. 2009. Avaliação das estirpes de *Acinetobacter* e *Enterobacter* como potenciais agentes de biocontrolo contra a Ralstonia wilt of tomato. Biological Control. 48(3): 22-28.
481. Xue, F., Li, W., Wubie, A. J., Hu, Y., Guo, Z., Zhou, T., e Xu, S. 2015. Controlo biológico de *Ascosphaera* apis em abelhas melíferas utilizando mutantes *de Trichoderma atroviride* transformados por integração enzimática restrita (REMI). Biological Control. 83: 46-50.
482. Xie, X., Yan, Y., Liu, T., Chen, J., Huang, M., Wang, L., Chen, M., e Li, X. 2020. Análise proteômica de aquisição independente de dados de fatores bioquímicos em mudas de arroz após tratamento com oligossacarídeos de quitosana. Bioquímica e Fisiologia de Pesticidas. 170: 104681.
483. Xing, K., Li, T. J., Liu, Y. F., Zhang, J., Zhang, Y., Shen, X. Q., Li, X. Y., Miao, X. M., Feng, Z. Z., Peng, X., Li, Z. Y., e Qin, S. 2018. Propriedades antifúngicas e eliciadoras de quitosana contra *Ceratocystis fimbriata* em batata-doce. Química Alimentar. 268: 188-195.
484. Xu, Q.-J., Nian, Y.-G., Jin, X.-C., Yan, C.-Z., Liu, J., e Jiang, G.-M. 2007. Efeito do quitosano no crescimento de uma planta aquática (*Hydrilla verticillata*) em águas poluídas com diferentes exigências químicas de oxigénio. Jornal de Ciências Ambientais. 19(2): 217-221.
485. Xu, J., Zhao, X., Han, X., e Du, Y. 2007. Atividade antifúngica de oligochitosan contra *Phytophthora capsici* e outros fungos patogénicos de plantas *in vitro*. Pesticide Biochemistry and Physiology. 87(3): 220-228.
486. Yadav, R. S., Singh, V., Pal, S., Meena, S. K., Meena, V. S., Sarma, B. K., Singh, H. B., e Rakshit, A. 2018. A biopreparação de sementes de milho bebé surgiu como uma estratégia viável para reduzir o uso de fertilizantes minerais e aumentar a produtividade. Scientia Horticulturae. 241: 93-99.
487. Yan, J., Cao, J., Jiang, W., e Zhao, Y. 2012. Efeitos de pulverizações pré-colheita de oligochitosan em doenças fúngicas pós-

colheita, qualidade de armazenamento e respostas de defesa em frutos de jujuba (*Zizyphus jujuba* Mill. cv. Dongzao). Scientia Horticulturae. 142: 196-204.

488. Yanat, M., e Schroen, K. 2021. Métodos de preparação e aplicações de nanopartículas de quitosana; com uma perspetiva de reforço de embalagens biodegradáveis. Polímeros Reactivos e Funcionais. 161: 104849.

489. Yang, L.-Y., Zhang, J.-L., Bassett, C. L., e Meng, X.-H. 2012. Diferença entre quitosano e oligochitosano no crescimento de *Monilinia fructicola* e controlo da podridão castanha em frutos de pêssego. LWT-Ciência e Tecnologia Alimentar. 46(1): 254-259.

490. Yin, H., Zhao, X., e Du, Y. 2010. Oligochitosan: Uma vacina contra doenças de plantas - Uma revisão. Polímeros de hidratos de carbono. 82(1): 1-8.

491. Youssef, K., e Roberto, S. R. 2021. A formulação à base de nanocompósito de quitosana / sílica aliviou o mofo cinzento por meio da estimulação do sistema antioxidante em uvas de mesa. Jornal Internacional de Macromoléculas Biológicas. 168: 242-250.

492. Yu, J., Wang, D., Geetha, N., Khawar, K. M., Jogaiah, S., e Mujtaba, M. 2021. Tendência atual e desafios na síntese e aplicações de nanocompósitos à base de quitosana para plantas: Uma revisão. Carbohydrate Polymers. 261: 117904.

493. Yanti, Y., Habazar, T., Reflinaldon, Nasution, C. R., e Felia, S. 2017. Capacidade de Bacillus spp. indígena para atividades de promoção do crescimento e controle da doença da murcha bacteriana (*Ralstonia solanacearum*). Biodiversitas. 18(4): 1562-1567.

494. Yasmeen, S., e Bano, A. 2014. Microrganismos, *Rhizobium* e *Enterobacter* na nodulação radicular e fisiologia da soja (*Glycine max* L.). Comunicações em Ciência do Solo e Análise de Plantas. 45(18): 2373-2384.

495. Yasmin, S., Hafeez, F. Y., e Rasul, G. 2014. Avaliação de *Pseudomonas aeruginosa* Z5 para o biocontrolo da doença das plântulas de algodão causada por *Fusarium oxysporum*. Ciência e Tecnologia de Biocontrolo. 24(11): 1227-1242.

496. Yazdani, M., Yap, C. K., Abdullah, F. e Tan, S. G. 2009. *Trichoderma atroviride* como biorremediador da poluição por Cu: Um estudo *in vitro*. Química Toxicológica e Ambiental. 91(7): 1305-1314.

497. Yi, Y., Li, Z., Song, C., e Kuipers, O. P. 2018. Explorando as interações planta-micróbio das rizobactérias *Bacillus subtilis* e *Bacillus mycoides* pelo uso do sistema CRISPR-Cas9. Environ Microbiol. 20: 4245-4260.

498. Yonezawa, M., Takahashi, J., Hashiba, T., Usuki, F., e Narisawa, K. 2004. Estudo anatómico sobre a interação entre o fungo endofítico da raiz *Heteroconium chaetospira* e a couve chinesa. Mycoscience. 45(6): 367-371.

499. Yong, Y., Hu, Y.-G., Shahrajabian, M. H., Ren, C.-Z., Guo, L.-C., Wang, C.-L., e Zing, Z.-H. 2018. Mudanças na matéria seca,

porcentagem de proteína e matéria orgânica do consórcio soja-aveia e amendoim-aveia em diferentes estágios de crescimento na província de Jilin, China. Ata Agriculturae Slovenica. 111(1): 33-39.

500. Yolanda, N.-G., Ferrera-Cerrato, R., e Santamaria, J. M. 2012. *Glomus intraradices* atenua o efeito negativo do baixo suprimento de Pi na fotossíntese e no crescimento de plantas de mamão Maradol. Journal of Botany. Artigo ID 129591, 8 páginas.

501. Yousuf, J., Thajudeen, J., Rahiman, M., Krishnankutty, S. P., Alikunj, A., e Abdulla, M. H. 2017. Potencial de fixação de nitrogênio de várias cepas *de Bacillus* heterotróficas de um estuário tropical e regiões costeiras adjacentes. J Basic Microbiol. 57: 922-932.

502. Yu, X., Li, Y., Cui, Y., Liu, R., Li, Y., Chen, Q., Gu, Y., Zhao, K., Xiang, Q., Xu, K., e Zhang, X. 2016. Um *Ochrobactrum* sp. MGJ11 produtor de ácido indoleacético neutraliza o efeito do cádmio na soja, promovendo o crescimento das plantas. Jornal de Microbiologia Aplicada. 122: 987-996.

503. Zahid, N., Ali, A., Manickam, S., Siddiqui, Y., Alderson, P. G., e Maqbool, M. 2014. Eficácia de aplicações curativas de dispersões submicrónicas de quitosano na intensidade da antracnose e no crescimento vegetativo de plantas de fruta do dragão. Proteção das culturas. 62: 129-134.

504. Zahid, N., Maqbool, M., Ali, A., Siddiqui, Y., e Bhatti, Q. A. 2019. Inibição na produção de enzimas celulolíticas e pectinolíticas de *Colletotrichum gloeosporioides* isoladas de plantas de fruta do dragão em resposta a dispersões submicrónicas de quitosano. Scientia Horticulturae. 243: 314-319.

505. Ziani, K., Ursua, B., e Mate, J. I. 2010. Aplicação de revestimentos bioactivos à base de quitosano para proteção de sementes de alcachofra. Proteção das culturas. 29(8): 853-859.

506. Zhang, Z., Zhao, P., Zhang, P., Su, L., Jia, H., Wei, X., Fang, J., e Jia, H. 2020. Dados transcriptómicos e metabolómicos integrativos que exploram o efeito do quitosano na resistência pós-colheita da uva a *Botrytis cinerea*. Biologia e Tecnologia Pós-colheita. 167: 111248.

507. Zhao, X., She, X., Du, Y., e Liang, X. 2007. Indução de resistência antiviral e efeito estimulante por oligochitosan no tabaco. Pesticide Biochemistry and Physiology (Bioquímica e Fisiologia de Pesticidas). 87(1): 78-84.

508. Zhao, L., Guan, X., Yu, B., Ding, N., Liu, X., Ma, Q., Yang, S., Yilihamu, A., e Yang, S.-T. 2019. Esferas de quitosana de óxido de grafeno carboxilado imobilizam Cu^{2+} no solo e reduzir sua bioacumulação em plantas de trigo. Ambiente Internacional. 133(Parte B): 105208.

509. Zhu, L., Pan, G., Xu, H., Kong, L., Guo, W., Yu, J., Mortimer, R. J. G., e Shi, W. 2021. Floculação de quitosana aprimorada para colheita de microalgas usando eletrólise. Algal Research. 55: 102268.

510. Zohara, F., Surovy, M. Z., Khatun, A., Prince, M. F. R. K., Akanda, M. A. M., Rahman, M., e Islam, Md. T. 2019. O bioestimulante

de quitosana controla a infeção do pepino por *Phytophthora capsici* através da supressão da reprodução assexuada do patógeno. Ata Agrobotanica. 72(1): 1763.

511. Zubair, M., Ramzani, P. M. A., Rasool, B., Khan, M. A., Rahman, M. U., Akhtar, I., Turan, V., Tauqeer, H. M., Farhad, M., Khan, S. A., Iqbal, J., e Iqbal, M. 2021. Eficácia do biochar de resíduos têxteis revestidos com quitosana aplicado a solo poluído com Cd para reduzir a mobilidade do Cd no solo e sua distribuição na moringa (*Moringa oleifera* L.). Journal of Environmental Management. 284: 112047.

512. Zehnder, G. W., Yao, C., Murphy, J. F., Sikora, E. R., e Kloepper, J. W. 2000. Indução de resistência no tomate contra o cucumovírus do mosaico do pepino por rizobactérias promotoras do crescimento das plantas. Biocontrol. 45: 127-137.

513. Zermane, N., Souissi, T., Kroschel, J., e Sikora, R. 2007. Biocontrolo da vassoura-de-bruxa (*Orobanche crenata* Forsk. e *Orobanche foetida* Poir.) pelo isolado Bf7-9 de *Pseudomonas fluorescens* da rizosfera da fava. Biocontrol Science and Technology. 17(5): 483-497.

514. Zhan, H., Wan, Q., Wang, Y., Cheng, J., Yu, X., e Ge, J. 2021. Uma cepa bacteriana endofítica, *Enterobacter cloacae* TMX-6, aumenta a degradação do tiametoxam em plantas de arroz. Chemosphere. 269: 128751.

515. Zhang, H., Kim, M. S., Krishnamachari, B., Payton, P., Sun, Y., Grimson, M., Farag, M. A., Ryu, C.-M., Allen, R., Melo, I. S., e Pare, P. W. 2007. As emissões voláteis de rizobactérias regulam a homeostase da auxina e a expansão celular em *Arabidopsis*. Planta. 226: 839-851.

516. Zhang, H., Kim, M. S., Sun, Y., Dowd, S. E., Shi, H., e Pare, P. W. 2008. As bactérias do solo conferem tolerância ao sal das plantas através da regulação específica dos tecidos do transportador de sódio HKT1. Mol Plant-Microbe Interact. 21: 737-744.

517. Zhang, H., Sun, Y., Xie, X., Kim, M. S., Dowd, S. E., e Pare, P. W. 2009. Uma bactéria do solo regula a aquisição de ferro pelas plantas através de mecanismos induzidos por deficiência. Plant J. 58: 568-577.

518. Zhang, L., Zhang, J., Christie, P., e Li, X. 2009. Efeito da inoculação com o fungo micorrízico arbuscular *Glomus Intraradices* no nemátodo das galhas *Meloidogyne Incognita* em pepino. Journal of Plant Nutrition. 32(6): 967-979.

519. Zhang, H., Murzello, C., Sun, Y., Kim, M. S., Xie, X., Jeter, R. M., Zak, J. C., Dowd, S. E., e Pare, P. W. 2010. Tolerância à colina e ao stress osmótico induzida em *Arabidopsis* pelo micróbio do solo *Bacillus subtilis* (GB03). Mol Plant-Microbe Interact. 23: 1097-1104.

520. Zhang, K., Li, A., Wang, Y., Zhang, J., Chen, Y., Wang, H., Shi, R., e Qiu, Y. 2021. Investigação da presença de Ochrobactrum spp. e *Brucella* spp. em *Haemaphysalis longicornis*. Carraças e doenças transmitidas por carraças. 12(1): 101588.

521. Zhao, L., Teng, S., e Liu, Y. 2012. Caracterização de um organismo rizosférico versátil de pepino identificado como

Ochrobactrum haematophilum. Jornal de Microbiologia Básica. 52(2): 232-244.

522. Zhao, L.-F., Xu, Y., e Lai, X.-H. 2018. Bactérias endofíticas antagônicas associadas a nódulos de soja (*Glycine max* L.) e propriedades promotoras de crescimento vegetal. Revista Brasileira de Microbiologia. 49: 269-278.

523. Zhao, J., Wang, S., Zhu, X., Wang, Y., Liu, X., Duan, Y., Fan, H., e Chen, L. 2021. Isolamento e caraterização de bactérias endofíticas de nódulos *Pseudomonas protegens* Sneb1997 e *Serratia plymuthica* Sneb2001 para o controlo biológico do nemátodo das galhas. Applied Soil Ecology. 164: 103924.

524. Zin, N. A., e Badaluddin, N. A. 2020. Funções biológicas de *Trichoderma* spp. para aplicações agrícolas. Anais de Ciências Agrícolas. 65: 168-178.

525. Zohara, F., Akanda, Md. A. M., Paul, N. C., Rahman, M., e Islam, Md. T. 2016. Efeitos inibitórios de Pseudomonas spp. no patógeno vegetal *Phytophthora capsici in vitro* e in planta. Biocatálise e Biotecnologia Agrícola. 5: 69-77.

526. Zonaro, E., Piacenza, E., Presentato, A., Monti, F., Dell Anna, S. L., e Vallini, G. 2017. *Ochrobactrum* sp. MPV1 de um depósito de pirites torradas pode ser explorado como catalisador bacteriano para a biogénese do selénio. Fábricas de células microbianas. 16(215): 1-17.

527. Zurdo-Pineiro, J. L., Rivas, R., Trujillo, M. E., Vizcaino, N., Carrasco, J. A., Chamber, M., Palomares, A., Mateos, P. F., Martinez-Molina, E., e Velazquez, E. *Ochrobactrum cytisi* sp. nov., isolado de nódulos de *Cytisus scoparius* em Espanha. Int J Syst Evol Microbiol. 57: 784-788.

ÍNDICE DE CONTEÚDOS

MIX
Papier aus verantwortungsvollen Quellen
Paper from responsible sources
FSC® C105338

Printed by Books on Demand GmbH, Norderstedt / Germany